예보관이 들려주는
기후변화 시대의 기상 이야기

산책하기 좋은
날씨입니다

| 만든 사람들 |
기획 인문·예술기획부 | **진행** 지혜 | **집필** 비 온 뒤 | **편집·표지디자인** D.J.I books design studio 김진

| 책 내용 문의 |
도서 내용에 대해 궁금한 사항이 있으시면
저자의 홈페이지나 J&jj 홈페이지의 게시판을 통해서 해결하실 수 있습니다.
제이앤제이제이 홈페이지 jnjj.co.kr
디지털북스 페이스북 facebook.com/ithinkbook
디지털북스 인스타그램 instagram.com/digitalbooks1999
디지털북스 유튜브 유튜브에서 [디지털북스] 검색
디지털북스 이메일 djibooks@naver.com
저자 브런치 @b-own-d
저자 인스타그램 @b_own_d

| 각종 문의 |
영업관련 dji_digitalbooks@naver.com
기획관련 djibooks@naver.com
전화번호 (02) 447-3157~8

※ 잘못된 책은 구입하신 서점에서 교환해 드립니다.
※ 이 책의 일부 혹은 전체 내용에 대한 무단 복사, 복제, 전재는 저작권법에 저촉됩니다.
※ 디지털북스 가 창립 20주년을 맞아 현대적인 감각의 새로운 로고 DIGITAL BOOKS 를 선보입니다.
　지나온 20년보다 더 나은 앞으로의 20년을 기대합니다.
※ J&jj 는 DIGITAL BOOKS 의 인문·예술분야의 새로운 브랜드입니다.
※ 유튜브 [디지털북스] 채널에 오시면 저자 인터뷰 및 도서 소개 영상을 감상하실 수 있습니다.

예보관이
들려주는
기후변화 시대의
기상 이야기

산책하기 좋은
날씨입니다

| 비 온 뒤 |

CONTENTS

오늘도 지구를 기록합니다

날씨는 어디서부터 공부해야 할까?

한국에서 기상학을 공부하려면 한 번은 꼭 손에 잡아야 하는 과목이 있다. 바로 현재의 날씨를 분석하고 기록할 수 있는 '관측법'과 앞으로의 날씨를 예측할 수 있는 '예보법'이다. 기상청 사람들이 가장 잘 아는 분야가 바로 관측과 예보이고 실제 업무에도 가장 큰 부분을 차지하고 있다.

특히 이 두 분야는 겹치는 부분이 많아 완전히 별개의 업무라고 생각하면서 배우다 보면 더 어려울 때가 있다. 모든 예보관들은 자신이 예보한 날에 관측이 어떻게 이루어지는지 궁금해 한다. 비가 몇 시에 관측되었는지 강수의 강도와 강수량은 어떠했는지를 알고 분석하는 일은 자신의 예보 분석력을 키우기 위해서도 꼭 필요한 일이다. 관측을 전혀 알지 못하는 상태로 예보를 내는 것은 산수를 하지 않고 미적분을 풀고 싶은 욕심에 불과하다. 반대로 관측자에게도 예보는 떼려야 뗄 수 없는 공부 거리다. 오늘의 예보를 모른 채 그때그때 관측에 급급하면 위험한 영향을 미칠 수도 있는 기상 현상이 발생했을 때 곧바로 대응하기 어렵다.

대체로 기상 관측 업무는 경력이 많지 않은 신입 직원들이 맡곤 한다. 기상청의 업무는 그 일을 담당하는 직원의 계급에 따라 난이도가 나눠지는 것이 아니라, 분야에 따라 나눠지는 경향이 있다. 신입이 자주 맡게 되는 업무라도 그 중요성은 크다. 관측 업무는 신입 직원들도 금방 배울 수 있다. 많은 부분이 자동화되어 있기 때문이기도 하지만, 기상청 입사를 준비하며 기초적인 대기과학 이론과 대기 관측 및 예보에 대한 공부를 하면서 가장 숙달되는 분야가 관측 항목이기 때문이다. 경험과 분석 능력, 다양한 자료를 공부하며 시간을 투자해야 하는 불확실한 분야인 예보와 달리 관측은 선배들이 쌓아왔던 노하우와 지침이 잘 갖추어져 있기 때문에 비교적 빠른 시간 안에 업무를 습득할 수 있다. 기상청뿐만 아니라 기상 관측을 정기적으로 실시하는 다른 기관들 또한 비슷한 과정을 거친다. 가장 대표적인 기관은 공군의 공군기상단이 있고 각 지자체, 산림청, 한국전력공사에서도 필요에 따라 기상관측 기기를 설치해 기상 감시를 한다.

  보고 헤아리는 것. 한자를 그대로 풀이하면 관측觀測은 이런 의미를 가진다. 사전적인 의미는 조금씩 다를 수 있는데, 기상청에서는 각종 장비와 사람의 눈을 이용해 재고 기록하는 그 모든 행위를 관측이라고 정의하고 있다. 눈으로 보고 현장에서 느끼는 날씨의 중요성은 그 지역을 이해하는데 있어서 중요한 요소이기도 하다.

  그렇게 날씨를 바라보고 기록하는 일을 하면서 사계절을 느끼고 기상의 특성을 몸으로 체득한다. 요즈음은 대부분 전자 장비를 통해 관측할 수 있어 편해졌지만 지금까지도 사람의 손과 눈이 필요한 부분이 많다. 눈이나 증발량과 같이 물 현상을 측정하는 부분에서 이러한 어려움이 많이 나타난다. 초등학교 때부터 대학교 때까지 수많은 과학 도서에 다양한 측정법이 나오지만, 세계적으로 통일된 방법을 통해 기록을 남기는 것은 두근거리기도 하고 떨리기도 하는 일이다.

관측 업무를 하면서 가장 많이 듣는 이야기가 있다.

"지금 남기는 기록, 평생 간다. 100년 뒤에 흑역사로 남고 싶지 않다면 틀리지 않게 잘 해."

지금은 사라진 관측 기록 양식 중에 수기로 작성하는 '관측 야장'이라는 책자가 있었다. 정식 명칭은 『관측 기록부』라고 한다. 많은 사람들의 손을 거쳐 오랜 세월 다양한 형식으로 개량되었으며 수많은 기상 관측 요소가 적혀 있다. 대표적인 내용은 기온이나 구름 모양, 강수량과 습도 같은 것들이다. 8절 스케치북보다 길고 여유분까지 380 페이지 정도가 되었던 책자에 떨리는 마음으로 검은색 플러스 펜을 꾹꾹 눌러 숫자를 쓰던 날이 있었다. 글씨를 밉게 쓰는 날에는 선배들에게 타박을 받아야 했다. 혹시나 틀릴까봐 연필로 한번 쓴 후 펜으로 다시 썼는데, 다 마르기 전에 지우개로 지우다가 잉크가 번진 얇은 종이를 티가 나지 않게 몰래 뜯어내며 우울해 하기도 했다.

현재는 전산 시스템으로 입력하는 방식을 취하고 있어 수기 기록은 대부분 하지 않는다. 수기 관측 기록부를 남기던 시절에도 컴퓨터로 입력하는 관측은 병행했는데, 이제 그마저도 하지 않는다. 그보다 더 오래 전 수기로 남긴 기록들은 1970년대부터 정부에서 차근차근 정보화 사업을 통해 전산 기록으로 바꾸어 놓았다. 100년이 넘는 세월 동안 다양한 관측자들이 남겨놓은 기록은 오늘날 쉽게 다운로드 받거나 관리할 수 있는 디지털 자료가 되었다. 한국뿐만 아니라 많은 나라에서 다양한 형식의 기록을 남긴다. 한국에서는 이것을 '일기상 통계표'라고 부른다.

통계표에 들어가는 기록 중에서 특히 중요한 것이 바로 기상 현상의 시종始終 시간이다. 흔히 '기사記寫를 적는다'고 하는데, 기상 현상이 언제 시작하고 끝났는지는 물론이고 어느 시간에 얼마만큼의 강도가 관측되었는지도 기록한다. 눈이나 안개, 봄과 가을철에는 황사도 빠뜨리지 않고 하루의 일기 현상을 적어 넣는다. 자정 즈음이 되어 자료를 다 적고 나면 바빴던 하루나 한가했던 하루가 종이 한 장에 표현된다. 어느 쪽이든 평생 내가 기록한 자료로써 자신의 이름이 들어간 공문서로 남는다.

역사 기록에서 사관들의 이야기가 세기를 뛰어 넘어 천년을 가는 것처럼, 기상청 관측자가 기록한 오늘의 우리 동네 날씨도 기상청의 기록이 통째로 없어지지 않는 한 영원히 남는다. 나중에 예보나 특보의 검증을 할 때도 사용되고 사례를 분석할 때도 사용하기 때문에 활용도는 무궁무진하다. 민원 자료로 제공되기도 한다. 비가 와서 공사가 지연된 날에는 그 증명을 위해 다양한 지역에서 일기상 통계표 자료를 요청한다. 많은 문의 전화를 받고 다양한 날씨의 기록을 보게 된 후 글을 쓸 용기가 생겼다. 길지 않은 경력에도 다양한 이야기가 모일 수 있었던 것은 세상 사람들이 가지고 있는 공통 관심사가 날씨이기 때문일 것이다.

언뜻 보면 쉬워 보일 수도 있는 '하늘을 보는 일'은 시간과 날씨에 따라 고려해야할 것이 많다. 많은 요소 중에서도 늘 관측자를 고민하게 만드는 것들이 있다. 매일 매일 하늘을 바라보며 고민하던 일들을 엮다보니 책 한권이 완성되었다.

우리 주변의 다양한 기상 현상들을 기상 관측자와 기상예보관의 입장에서 바라보면 한반도의 다채로움을 더욱 즐길 수 있다. 이 책을 읽는 사람들이 조금 더 한반도의 날씨를 즐기면 좋겠다는 생각을 한다. 조금 더 관심이 생긴다면 기상학에 관련된 책을 조금 더 읽어도 좋을 것이다.

글을 쓰면서 주위 사람들에게 소재에 대한 고민을 많이 털어놓게 되었다. 조금 더 쉽게, 과학에 관심이 없는 사람이라도 날씨를 상상하며 글을 읽게 되기를 바랐다. 많은 사람들의 도움과 응원이 없었다면 글을 엮는 데에도 아주 오랜 시간이 걸렸을 것이다. 글을 쓰는 계기가 되어 준 길 위의 인문학 글쓰기 수업 선생님들과 권치옥 사서님께 감사 인사를 올린다. 소재를 구하는 내게 이것저것 조언해 줬던 친구들 민지, 지은이, 혜미와 다양한 질문으로 소재를 준 흑, 그리고 연이에게도, 열일하고 있을 윤선이와 육아에 힘내는 수환이에게도 사랑을 보낸다. 메신저로 뜬금없이 질문을 던지는 나에게 지식인이 되어 준 회사의 많은 분들에게도 지면을 빌어 감사하다는 말씀을 드리고 싶다.

마지막으로 늘 나의 대나무 숲이 되어 준 내 생애 최고의 인연, 정미경, 변량근 선생님과 석호에게도 감사와 사랑, 존경을 함께 보낸다.

2021. 여름을 달리며

비 온 뒤

일러두기

1. 본문 중 좀 더 자세한 내용은 각 꼭지 뒷부분에 <조금 더 재미있는 기상학 정보>로, 추가 내용이나 관련 자료는 <참고 자료>에서 찾아볼 수 있습니다.

2. 인명 및 지명, 기상 관련 명칭 중 외래어는 국립국어원의 표기법을 따랐습니다. 단, 실제 사용하는 표현이나 단어의 경우 일반적으로 사용하는 명칭을 따랐습니다.

3. 단행본 및 기상지침은 『 』, 논문은 「 」, 기사 및 블로그, 유튜브는 < >로 표기하였습니다. 큐알코드를 통해 더 살펴보면 좋을 자료를 온라인에서 확인할 수 있습니다.

제1부

산책하기
좋은 날씨

파랑게 물든 하늘 아래 하양게 빛나는 구름,
산 아래로 시원하게 불어오는 바람.
하나하나 작은 요소가 모여
산책하기 즐거운 날씨를 만든다.

뭉게구름을 하얗게 칠하시나요?

#수증기 #뭉게구름 #빛의 산란

그림을 그리기 시작한다. 푸른색 바탕을 먼저 배경에 시원스럽게 채워 넣는다. 시간은 여름. 내 손에 있는 스물네 가지 색의 색연필 중에 흰색 색연필이 손에 잡혔다. 익숙하게 구름으로 선을 그려 구분해 놓은 공간 안에 흰색을 채워 넣었다. 그러다가 문득 궁금해진다. 구름의 색은 왜 달라지는 것일까? 내가 지금 그리고 있는 이 구름의 이름은 뭘까. 그저 뭉게구름이라고만 하기에는 어딘가 부족할 때 그런 생각을 한다.

구름은 아주 오랫동안 화가와 사진가들에게 작품의 소재가 되어오고 있다. 하늘 아래 똑같이 생긴 구름은 없기 때문인지 혹은 사람들이 손에 잡히지 않는 것을 동경하는 마음인지는 사람마다 다를 것이다. 비를 내리기도 하고 그늘을 만들어주기도 하는 구름들은 바깥에서 활동하는 사람들에게는 친구 같은 존재였을지도 모른다.

사계절의 구름 중에서도 그림, 영화, 만화에 많이 등장하는 구름은 뭉게구름이다. 여름의 짙고 쨍한 푸른색의 하늘 아래 뭉게구름은 나무가 자라나듯 상승기류의 영향을 받아 무럭무럭 자라난다. 그 장면을 '성장'이라는 의미로 사용하는 영화나 소설도 많다. 특히 이런 모티프를 좋아하는 것이 일본 애니메이션이다. 일본의 여름을 다룬 애니메이션들을 보면 특히 그런 장면들이 많다. 주인공이 하늘을 보는데 그곳에 뭉게구름이 화려하게 그려져 있기도 하다. 이런 장면을 많이 쓰는 '호소다 마모루' 감독의 작품들을 보면 모두 주인공이 정신적으로 성장해 나감을 알 수 있다.

구름의 의미 중 또 다른 하나는 '불길함'이다. 뭉게구름은 자연재해를 유발할 수도 있는 불안정성을 내포하고 있기 때문에 사건이 일어나기 전에 천둥 번개가 치고 먹구름이 밀려오는 일은 흔하다. 특히 공포 영화나 재난 영화에서 나쁜 날씨는 등장인물들의 고난과 시련을 더욱 강화시키는 역할을 한다.

뭉게구름을 뜻하는 전문적인 용어는 적운積雲. Cumulus(Cu)이다. 수직으로 크게 발달하여 비를 불러오는 적운은 적란운積亂雲. Cumulonimbus(Cb)이라고 한다. 비가 오는 구름에 주로 '란亂'자를 붙여서 표현한다는 것을 눈치챘다면 적란운에서 비가 온다는 것을 알 수 있을 것이다. 순 우리말로는 센비구름이라고 한다. 세게 비가 오는 구름. 참으로 직관적인 이름이다. 뭉게구름 또한 한글 이름이다. 『번역박통사』(1517)에서 "팔보 뻠ᄒ고 믈에구룸 문을 직금ᄒ 노비게예 류황 비체 금 ᄭᅮ며"라는 구절이 나온다. 현대 국어 '뭉게구름'의 옛말인 '믈에구룸'이 바로 이 16세기 문헌에서 나타난 단어이다. '믈에구룸'은 '믈에'와 '구룸'이 결합된 합성어인데 '믈에'는 '뭉치다'를 뜻하는 동사 '믈의다'와 관련되어 있을 것으로 추정하고 있다. 처음 믈에구룸을 들었을 때는 '물'과 관련이 있을까 하는 생각도 들었는데 어원 자체는 추정일 뿐이라니 조금 아쉬운 마음도 든다.

여름에 피어나는 적란운을 보고 있자면 불안해진다. 특히 가방에 우산이 들어있지 않을 경우에는 더 그렇다. 저기 피어나는 구름 한 장이 지나가는 나를 홀딱 젖게 만들 수도 있다. 적란운은 좁은 지역에 강한 비를 뿌리는 경우가 많고 번쩍이는 뇌전을 동반하기도 한다. 그렇게 생기는 구름의 아랫면을 보면 우리가 쉽게 볼 수 없는 회색빛을 띠고 있다. 넓은 지역에 생기는 커다란 적란운이라면 온 하늘이 어둡게 변하기도 한다. 비행기 위에서 보는 구름의 색이 모두 흰 것을 생각해 보면 우리 눈에 보이는 구름 색이 다르다는 사실이 신기하다. 구름의 색은 왜 그렇게 다른 것일까.

빛의 산란이 만들어내는 구름의 색

구름이 흰색인 이유, 눈이 흰색인 이유, 파도가 흰색인 이유는 모두 같다. 바로 빛의 산란 때문이다. 구름을 이루는 물방울들의 크기는 매우 다양하다. 구름을 이루는 결정이 채 되지 못한 작은 수증기 입자도 있고 충분히 큰 입자도 있다. 태양빛이 이 구름 입자들을 통과해서 인간의 눈까지 오게 되는데 이때 가시광선의 파장보다 입자가 훨씬 크기 때문에 물방울들은 빨주노초파남보, 흔히 이야기하는 모든 색의 파장을 산란시킬 수 있다. 그 파장이 모두 섞이면 흰색으로 보이는 것이다.

적운의 아래쪽이 회색빛으로 어두운 이유도 실은 간단하다. 밀도가 높고 물방울이 많으며 수직으로 발달된 적운의 아랫면은 하층운의 높이(1,500~3,000ft 정도)와 비슷할 정도로 낮은 편이다. 그렇다 보니 사람이 구름의 아래쪽에 있으면 태양을 가린 구름의 밑면을 보게 된다. 그늘에 위치하게 되는 것이다. 거기다 비구름은 보통 물방울이 크고 태양빛을 산란시키기보다는 약간의 반사와 흡수를 이룰 때가 많다. 물방울이 크니 안에 있는 물 분자들이 빛을 산란시키는 경우도 있다. 그래서 적운의 바닥면에서 보면 구름은 물 분자가 산란시킨 약간의 청색이 섞인 회색으로 보인다. 주변에 다른 구름이 많지 않아서 태양빛이 그대로 들어오고 있다면 밝은 시야만큼 구름의 밑면은 더 어두워 보일 때도 있다. 눈동자가 그때그때 빛을 받아들이는 조도를 조정하면서 일어나는 일이다. 밝은 곳을 바라볼 때는 동공이 작아져서 적은 빛으로도 볼 수 있도록 한다. 눈이 부시지 않아야 하기 때문이다. 그런데 이럴 때는 어두운 곳은 더 어두워 보일 수밖에 없다.

만약 적운을 바로 아래에서 보는 것이 아닌 멀리서 본다면 어떨까? 앞의 설명대로라면 구름을 보는 각도가 옆쪽이니 구름이 흰색으로만 보일 것 같지만 옆에서 봐도 의외로 회색빛이 많이 보인다. 구름들이 성장하면서 태양빛에 의한 그림자가 생기기도 하고 아래쪽에서 볼 때만큼은 아니지만 구름의 폭도 커서 빛을 많이 흡수한다. 아래쪽에서 볼 때는 밑면만 보이기에 시꺼먼 먹구름이라고 생각될 때도 있지만 옆에서 보기에는 수직으로 멋지게 발달해 질감이 확실하게 보이는 구름이 되는 것이다.

발달한 적란운 주위에는 기상 현상의 총집합이 일어난다. 비(겨울이라면 눈), 바람, 번개, 항공기 운항에 영향을 크게 미치는 윈드시어^{Wind shear}(급변풍, 수직이나 수평으로 작은 범위에서 급격하게 풍향과 풍속이 변하는 현상)와 마이크로버스트^{Microburst}(윈드시어보다 더 좁은 범위에서 수직, 수평적으로 풍향과 풍속이 빠르게 변화하는 현상. 비행기의 양력을 일시적으로 저하시켜서 추락의 큰 원인이 된다)는 물론이고 거대하게 발달한 적란운 주변에서 용오름이 생기는 경우도 있다. 우리나라에는 육지에서 용오름이라고 불릴만한 현상이 일어난 적은 많지 않지만 2019년 당진에서 용오름으로 인한 피해가 생겼던 것을 생각하면 쉬이 안심할 수도 없다. 용오름뿐만이 아니라 봄, 가을에 상하층 공기의 온도차가 크다면 우박도 고민해야 한다. 얼음 덩어리가 머리 위로 쏟아져 내리는 것은 상상만 해도 아플 정도다. 작은 크기라면 신기해하고 넘어갈지도 모르겠지만 방울토마토만 한 우박이 떨어진다면 재해라고 불릴 법하다.

하지만 지구를 공부하는 사람들에게 비를 부르는 구름은 무엇보다 소중한 존재다. 구름은 언뜻 불안정하고 변덕스러운 존재이지만 지구가 대기의 흐름을 조정하는 과정에서 불균형을 해소하기 위해 끊임없이 물을 순환하게 만드는 중요한 기능을 맡고 있다. 지구의 풍경을 바꾸기도 하고 물이 부족한 곳에는 물을, 그늘이 부족한 곳에 그늘을 만들어 주기도 한다. 온도를 일정한 기준으로 측정할 수 없고 하늘 위에 올라올 수 없었던 옛날 사람들은 구름의 모양과 바람의 방향을 보며 날씨를 점치곤 했을 정도다. 그들이 뭉게구름을 보며 어떤 생각을 했을지 궁금해진다.

조금 더 재미있는 기상학 정보

구름의 단위: 구름을 셀 때 어떻게 세어야 할까? 표준 국어 대사전에 따르면 '얇은 구름을 세는 단위'로 장^{張, 베풀 장}을 쓴다. 주로 쓰이는 표현은 '구름 한 장 없는 날씨' 등으로 표현한다. 흔히 쓰는 '점^點'도 틀린 표현은 아니지만 사전적인 의미는 주로 수 관형사 '한' 뒤에 쓰여 아주 적은 양을 나타내는 말이라고 한다. 그러니 '바람 한 점 없는 날씨', '구름 한 점 없는 날씨' 등 여러 가지 표현으로 두루두루 쓰인다. '구름 두 점'과 같은 표현은 자주 쓰이지는 않는다.

용오름^{Water Spout, 혹은 Tornado}: 이무기가 용이 되어 하늘로 승천하는 듯한 모습이라 붙여진 기상 현상의 이름. 보통 우리나라에서는 바다에서 생기는 기상 현상에 한정되어 쓰이는 경우가 많다. 이는 지상에서 토네이도가 발생하는 경우가 극히 드물기 때문이다. 영어의 토네이도^{Tornado}는 육지와 바다에서 생성되는 강력한 저기압성 소용돌이를 의미한다.

참고 자료

- 『번역박통사』(최세진, 1517)

산책하고 싶은 사람들 여기 모여라

#반려견 #산책 #야외활동

강아지를 키우는 사람들이 많아졌다. 이제는 반려견과 함께 사는 것이 전혀 낯설지 않은 시대인 것이다. 농림축산식품부의 2019년 통계에 따르면 대한민국 가정의 26.4%가 반려동물과 함께 살아가고 있으며 그중 반려견이 약 84%로 1위를 차지했다. 그러다 보니 산책을 위해 늘 밖으로 향하는 사람들이 많다. 예전과는 달리 여러 반려견 관련 매체에서는 산책을 필수 요소로 꼽고 있기 때문이다. 반려견 보호자들에게 날씨는 중요하다. 날씨가 너무 덥거나 추우면 사람은 어느 정도 견딜 수 있을지 몰라도 반려견들은 지면에서 올라온 열기나 냉기를 바로 받기 때문이다. 더워도 고민 추워도 고민인 날의 연속이다.

영국이나 미국에서 사시사철 반려견과 조깅을 즐기는 사람들에 대한 사진이나 영상을 보고 있으면 한국에서는 왜 그렇게 해줄 수 없는지 슬프고 야속하기만 하다. 그곳의 댕댕이들은 매일매일 산책을 나가 집에서 사고도 치지 않고 훈련도 잘 되어 있다는데, 한국의 여름은 지독하게 덥고 겨울은 에일 듯 추운 날이 이어진다. 산책을 할 수 없는 날도 많다.

영국의 기후와 미국의 기후, 한국의 기후는 닮은 듯 다르다. 특히 한반도는 사계절이 뚜렷한 나라다. 일교차도 연교차도 커서 반려견들을 지속적으로 산책시키기에는 힘든 점이 많다. 산책시키기 좋은 계절은 일 년 중 봄이나 가을 정도. 그마저도 해가 떠있는 낮이 더욱 적합하다.

반려동물 관련 매체에서는 종종 반려견의 크기에 따른 산책 적합 온도를 통계로 내어 주기도 한다. 그 통계에 따르면 혀와 발바닥으로 땀을 배출하는 반려견들은 섭씨 30도가 넘어가면 바깥 생활을 하기에는 위험하다. 30도가 넘어가면 사람도 더운데, 털이 가득한 반려견들이라면 사람보다 힘들 것임은 말할 필요도 없는 사실이다. 특히 대형견들 중에서는 시베리안 허스키, 사모예드처럼 추운 지방을 고향으로 둔 개체가 많다. 그러다 보니 중·소형견들 보다 비교적 대형견이 더위에 약한 편으로 알려져 있다.

반려동물들과의 산책이 일상적으로 이루어지는 미국과 영국에서는 대부분 그와 관련된 연구도 활발한 편이다. 영국의 반려동물 보험 업체에서 제시한 가장 산책하기 좋은 온도는 섭씨 약 21도 정도까지라고 한다(표 참고). 본문에서는 가장 좋은 단계부터 위험한 단계까지 총 5단계로 나누었다. 견종의 크기는 3단계로 나누어서 각각의 크기에 따라 외부 활동이 어떤 영향을 미칠지 예상해 준다. 1, 2단계는 별다른 주의 없이도 활동이 가능한 온도를 뜻한다. 또한, 더위와 추위 모두 반려견의 성격이나 건강 상태, 나이에 따라서도 해당 지수들이 가감될 수 있음을 미리 언급해둔다.

21도는 2단계에 속하는 수치다. 3단계에도 산책은 가능하지만 종에 따라 위험이 있을 수 있다고 설명하고 있다. 서울은 보통 7월에 최저기온 평년값이 22.3도 정도가 나타난다(기상청 1990-2020 평년값 기준, 이후 모든 평년값 기준은 동일한 시기의 평년값이다). 주로 최저기온이 나타나는 해뜨기 전이 아니라면 산책하기 힘든 날씨가 되는 것이다. 그 이후로는 계속 올라갔다가 9월이 되면 다시 내려간다. 반려견들에게 7월과 8월은 사람보다도 더위를 더 많이 느낄 수 있는 날이 이어지는지도 모른다. 해당 정보의 5단계에는 생명의

온도에 따른 반려견 산책 조심지수: 추위편			
온도	소형견	중형견	대형견
10	1	1	1
7	2	2	1
4	3	3	2
2	3	3	3
-1	4	4	3
-4	5	4	3
-9	5	4	4
-12	5	5	5

1. 놀기 딱 좋아요!
2. 놀기 좋아요. 하지만 조심하세요.
3. 견종에 따라 잠재적 위험이 있어요. 눈을 떼지 마세요.
4. 위험할 수 있어요. 주의하세요.

5. 생명의 위협을 느낄 수 있어요. 너무 긴 야외활동은 삼가세요.
(출처: www.intermountainpet.com)

미국 반려동물 병원 IPH에서 제시한 겨울철 반려동물 최적 활동 온도

온도에 따른 반려견 산책 조심지수: 더위편			
온도	소형견	중형견	대형견
15	1	1	1
18	1	1	2
21	2	2	3
23	3	3	3
26	3	3	4
29	4	4	5
32	5	5	5

1. 놀기 딱 좋아요!
2. 놀기 좋아요. 하지만 조심하세요.
3. 견종에 따라 잠재적 위험이 있어요. 눈을 떼지 마세요.
4. 위험할 수 있어요. 주의하세요.
5. 생명의 위협을 느낄 수 있어요. 너무 긴 야외활동은 삼가세요.
Petplan® (출처: www.petplan.com)

영국 반려동물 보험회사 petplan에서 제시한 여름철 반려동물 최적 활동 온도

위협을 받을 수도 있다는 강한 경고가 뜬다. 대형견은 29도가 그 기준이다. 더워지면서 진드기와 모기 같은 벌레들도 늘어난다. 기상 현상과는 상관없지만 반려동물들에게는 치명적인 위협이 될 수 있다.

추위 또한 크게 다르지 않다. 미국의 한 대규모 동물병원인 IPH^{Intermountain Pet Hospital}에서 발행한 기사에 따르면 온도가 7도 이하로 내려가면 종에 따라 반려견들에게 위험이 따를 수 있다고 한다. 서울의 최고기온 평년값은 11월 하순에 8.9도. 7도는 넘었지만 하루 중 가장 따스한 시간인 2~4시에 산책을 하는 것이 권장된다. 그 이후로는 낮아졌다가 2월 하순이 되면 최고기온 평년값이 6.4도로 비교적 높아진다. 동절기에는 기온이라는 위험 요소만 있는 것은 아니다. 눈을 녹이기 위해 도로 위에 뿌리는 모래나 염화칼슘은 반려견의 발바닥에 상처와 고통을 남긴다. 말랑말랑한 발바닥에 소금을 계속 뿌리는 것과 같은 이치다. 가끔 얼어있는 구간을 지나다 날카롭게 언 바닥에 상처를 입는 경우도 있다.

결론적으로 서울에서 반려견을 안심하고 즐겁게 산책시킬 수 있는 기간은 3월 초부터 7월까지, 그리고 9월부터 11월 말까지이다. 반려견의 보호자들은 이제 긴장이 몰려올지도 모른다. 최소 1일 1산책 이상을 하는 것이 권장되는 시대에 서울에서 이 기간이 아니라면 산책을 하기 힘들다니. 어떤 보호자는 이 기회를 정말로 기회라고 생각할 수도 있을 것이다. 가뜩이나 산책하기도 힘들었는데 날씨를 핑계 삼아 나가지 않는 사람들도 많아질 가능성이 높다. 1일 1산책에 적극 찬성하는 입장으로서는 안타까운 일이다.

기온 또한 마찬가지다. 산책을 중요시하는 사람들에게 기온은 항상 딜레마이다. 조금 춥거나 더워도 나가야 하는 것인지, 아니면 실내에서 많이 놀아주는 것이 중요한지. 어떤 이들은 추우나 더우나 비가 오나 눈이 오나 나가는 것이 무조건 옳다고 하지만, 반려견의 건강과 위험이 주변에 도사리고 있을지 모르는 환경에서는 나가지 않는 것이 좋다고 생각하는 사람도 있을 것이다.

앞장의 표에서 세 번째 수치 정도까지는 보호자가 위험에 잘 대처한다면 즐거운 산책이 될 수 있을 것이다. 보호자마다 생각하는 바가 다르기에 누가 맞다 틀리다 할 수도 없다. 산책을 나가는 만큼 반려견은 행복할 것이고 나가지 않으면 않는 대로 시원하고 따스한 집안에서 즐거운 시간을 보낼 것이다.

반려견을 산책시키는 문화가 널리 퍼지면서 반려견 보호자들에게는 날씨가 중요해졌다. 예전처럼 출퇴근길에 비나 눈만 오지 않으면 된다는 생각을 가졌던 사람들은 조금 더 자세한 정보를 원하기도 한다. 사람들은 그날그날의 기상예보를 시간 단위로 보고 싶어 한다. 이미 3시간 단위로 정보가 제공이 되고 있지만 어떤 이들에게는 6시, 9시의 기온 예보보다 6시, 7시, 8시, 9시의 한 시간 단위 예보가 더 중요해졌다. 한 시간이라도 비가 멈춘다는 예상을 할 수 있으면 산책을 나갈 수 있기 때문이다. 혹은 비가 얼마나 연이어 내리는지, 잠시라도 그치지는 않을지 계속 기다린다.

기상청에서는 그에 맞추어 1시간 간격으로 날씨를 예보해 제공한다. 10분마다 계속 갱신되는 초단기 예보도 있다. 현재 시간부터 6시간까지 예보를 하기 때문에 오후 시간에 퇴근 후 산책을 어떻게 할지 고민할 수 있는 좋은 단서가 된다. 다행히 예보의 정확도는 나쁘지 않은 편이라는 평가도 들려온다.

코비드-19로 인해 외부 활동을 삼가고 있는 중이지만 짧게라도 산책을 나가는 사람들과 반려견들에게는 그 순간이 최고의 놀이고 휴식이다. 날씨가 어떤 원리로 흘러가는지 조금만 알면 내 반려견과 조금 더 산책을 오래 할 수 있고 때 아닌 소나기를 피할 수도 있다. 어쩌면 세계 어딘가에서는 아침 뉴스에 "오늘은 반려견과 산책하기 좋은 날씨입니다. 하지만 소형견들은 추위에 주의하고 그늘에 녹지 않은 얼음과 눈에 유의하세요!"와 같은 기상 방송을 하고 있을지도 모른다. 다양한 기상정보를 실생활에서 이용하는 사람들의 모습을 보고 있으면 날씨 상담사로서 마음 한편이 뿌듯해진다.

조금 더 재미있는 기상학 정보

일교차: 보통 '일교차가 크다'는 것은 '기온의 일교차가 크다'는 것을 의미한다. 일 최저기온과 일 최고기온의 차이로 나타나며 내륙지역에서, 대기 중의 수증기량이 적은 날에 일교차가 더 크다. 우리나라에서는 봄과 가을에 일교차가 가장 큰데, 그 이유는 태양 고도가 충분히 높고 일조시간이 길어 가열은 잘 되지만 대기 중 수증기량은 적어 공기가 쉽게 식고 지면 또한 마찬가지이기 때문이다. 또한 바람이 많이 불면 지면의 공기와 대기 하층의 공기가 잘 섞여 기온 차이가 적어지기도 한다. 같은 원리로 해안 지역에서는 일교차가 내륙보다 크지 않다.

연교차: 주로 기온의 연간 특성을 비교해 대륙성, 해양성 기후를 나눌 때 이용한다. 연중 가장 더운 달을 최난월이라고 하고, 가장 추운 달을 최한월이라고 한 후 두 달의 기온을 비교한 것이다. 이때 차이는 평균기온의 차이이다.

참고 자료

· 『기상학사전』(김광식, 향문사, 1992)

· 기상청 평년값(1991~2020) 평균기온 자료: 기상청은 세계기상기구(WMO)의 권고에 따라 매 10년 주기로 새로운 기후평년값을 산출하여 제공하며, 1991년~2020년의 새로운 기후평년값이 2021년 3월 25일부터 제공되고 있다.

· 2019 동물보호에 대한 국민의식조사 보고서(농림축산식품부, 2020)

· <열사병: 열은 반려동물에게 치명적일 수 있다>(Heatstroke: Heat Can be Fatal to Your Pet. Christine New, TexVetPets, 2014)

· <당신의 개가 밖에 있기에 너무 추울 때는?>(When is it Too Cold For Your Dog To Be Outside?, Nikki Waedle, Intermountain Pet Hospital, 2019)

하늘을 칠하는
바람의 붓

#새털구름 #제트기류 #상층제트

2020년 가을에는 유독 파란 하늘이 자주 보였다. 봄이나 가을에 황사나 미세먼지 소식과 함께 하늘이 누렇게 물들었던 경험도 많지 않았다. 구름을 관측하는 사람들에게는 더없이 좋은 일이었다. 다양한 구름이 하늘을 장식하는 것을 실시간으로 볼 수 있었기 때문이다. 한국뿐만이 아니었다. 공장 가동과 비행기 운항이 줄어들어 세계의 하늘과 공기가 깨끗해졌다는 보도가 이어졌다.

코비드-19로 하늘길이 비교적 조용했던 2020년 가을, 푸른 하늘을 물들이는 것은 붓으로 칠한 것인지 깃털을 떼어놓은 것인지 보기만 해도 가벼워 보이는 권운卷雲, Cirrus 혹은 Cirrus fibratus 덩어리들이었다. 다른 색은 하나도 섞지 않고 예쁜 흰색으로 가벼운 붓질을 한 것 같은 새털구름이 하늘을 수놓을 때마다 그 시작과 끝이 어디일지를 가늠하곤 했다.

기상학을 공부하다 보면 권운이 어떻게 생기는지 자세히 알 수 있는 기회가 생긴다. 권운은 보통 6km 이상에서 생기기 때문에 상층운이라고 부르고 거대한 제트기류의 흐름을 엿볼 수 있는 구름이기도 하다. 다른 구름들이 바람에 따라 이동한다면 권운은 제트기류가 부는 방향을 향해 붓으로 하얀 물감을 펴

바르듯 바람길을 따라 퍼져나간다.

제트기류라는 이름이 사용된 역사는 벌써 100년이 다 되어간다. 일본항공 관측소의 오오이시라는 관측자가 1920년대에 후지산 인근의 빠른 바람대를 연구했다는 기록이 있다. 다만 이때에는 상층의 흐름(200~300hPa에서 나타나는 상층 제트)이 아닌 중층(약 500hPa정도)에서 나타나는 흐름이었던 것으로 보인다. 바람의 표현 또한 'Jet'라는 표현 없이 'Strong wind' 정도에 그쳤다. 스트랄스트뢰멍^{Strahlströmung}(독일어 표현으로 제트기류라는 뜻)이라는 용어를 쓴 독일 학자 하인리히 세일코프^{Heinrich Andreas Karl Seilkopf(1895-1968)}도 있었지만 이후의 체계적인 연구로는 발전이 더뎠다. 당시의 기술로는 발전하기가 힘든 분야였을 것이다.

본격적으로 상층 제트에 대한 연구가 진행된 것 역시 전쟁 때문이었다. 바로 제2차 세계대전이다. 태평양을 건너 폭탄을 쏘아야 했던 미국 공군 조종사들이 높은 상공에 빠른 대기 흐름이 존재한다는 것을 보고한 뒤 적진에 더 빨리 도착하고 타국에 신속히 피해를 입히기 위한 연구가 진행됐다. 미국에서 아시아로 오는 루트로 비행을 하다 보면 속도가 급격하게 느려지는 구간을 만나게 된다. 군인들이 그 구간에 강한 바람의 흐름이 있음을 보고했고 그 기록들이 모여 제트기류에 대한 분석도 가능하게 되었다. 일본에서는 제트기류를 통해 미국 본토에 풍선으로 된 폭탄을 보냈다는 기록도 있다.

제2차 세계대전이 끝난 후에는 기상학 분야에서 제트기류를 연구하는 움직임이 더 많아졌다. 대표적인 학자가 그 유명한 로스비 순환에 대한 연구를 한 스웨덴 출신 미국 기상학자인 카를 구스타프 로스비^{Carl-Gustaf Arvid Rossby(1898-1957)}다. 위성이 발사되고 대형 항공기가 상공을 날게 된 이후에는 제트기류에 대한 연구도 활발해졌다. 이제는 위성사진의 수증기 이동만 보아도 제트기류를 어느 정도 볼 수 있는 수준에 다다랐으며, 북반구 전체를 예측하는 전지구 모델 일기도로 앞으로의 경향성 또한 알 수 있다. 기상학을 공부하는 사람에게 제트기류는 항상 염두에 두어야 할 중요한 존재가 된 것이다.

제트기류를 가장 잘 체험할 수 있는 때가 있다. 바로 비행이다. 우리나라에서는 미국을 갈 때 '태평양을 건넌다'고 표현한다. 사실 정확하게 이야기하면 태평양을 가로지르는 것은 아니다. 북극 쪽으로 반원을 그리면서 알래스카 쪽까지 올라갔다가 다시 내려간다. 유럽에서 한국으로 올 때는 유라시아 대륙의 북쪽을 가로지른다. 모두 동쪽으로 향하는 비행기들이다. 특히 북반구 중위도를 여행할 때는 동쪽으로 가는 비행기를 탈 때가 반대 방향을 탈 때 보다 운항 시간이 적어서 겨울철에는 2시간이 넘게 차이가 날 때도 있다. 극지방의 제트기류를 타고 운항하는 경우가 많기 때문이다. 극지방에서 부는 상층 제트는 보통 높이 7~12km 정도에 위치한다. 가장 강할 때는 바람의 속도가 시속 300km까지도 올라간다. 평균속도는 계절마다 조금 다르지만 시속 100km 정도이다. 서에서 동으로 이동하는 비행기는 이 바람에 올라타서 자체의 속도에 바람 속도를 더하게 된다. 빠를 때는 시속 900km에 육박하는 엄청난 속도다. 한번 운항하는데 많은 비용이 드는 비행기에게 연료 절약은 가장 큰 과제이고 제트기류는 이에 도움을 주는 자연의 선물인 것이다.

상공에 떠 있는 바람이 지상에 무슨 영향을 미칠까 싶지만 의외로 제트기류는 사람이 살만한 곳에는 모두 영향을 미친다. 단기간의 기상 현상에 미치는 영향은 크지 않을지도 모른다. 하지만 그 해의 여름이나 겨울이 얼마나 덥거나 추울 것인지는 제트기류의 세기를 보면 어느 정도 짐작할 수 있다. 북반구 상층에는 두 개의 거대한 제트기류가 존재한다. 하나는 북위 60도 부근에서 흐르는 한대 제트Polar Jet이고 다른 하나는 북위 30도 부근에 흐르는 아열대 제트Subtropical Jet이다.

연구자들은 특히 겨울철에 한대 제트가 얼마나 활성화되어 있는지를 많이 연구한다. 한대 제트는 일종의 만리장성 같은 존재다. 북극으로부터 내려온 추위를 막아주는 거대한 장벽의 역할을 하고 있다. 한대 제트가 약해 경사가 큰

(파동이 커서 골과 마루가 뚜렷하게 나타나는) 경향성을 보이면 중위도 지방까지 극지방의 추위가 영향을 미칠 가능성이 커진다. 이를 '제트가 사행蛇行(구불구불하게 진행함)한다'고 일컫는다.

반대로 제트가 강해서 흐름이 직선에 가깝게 흐르게 되면 추위는 약해질지도 모르지만 더위가 강해질 가능성이 있다. 지금은 유명무실해진 '삼한사온'이라는 표현도 이 흐름에서 나왔다. 그 진동의 주기가 10년 정도인데 기상학자들은 이것을 '북극진동 Arctic Oscillation, AO'이라고 부른다. 북극진동이 강하면 한파가 찾아온다고도 한다. 또한 한대 제트 아래에는 지상에서 상층으로 상승하는 기류가 존재하기 때문에 불안정성이 강화되고 기상을 악화시키는 원인이 되기도 한다. 우리나라는 북위 30~40도 사이에 위치해 있기 때문에 보통은 직접적으로 한대 제트 아래에 있지는 않다.

하지만 한대 제트가 크게 사행할 경우 북위 30도까지 남하하는 경우도 아주 없는 것은 아니다. 남하한 제트의 북쪽에는 그야말로 혹한의 추위가 찾아오게 된다. 아열대 제트는 주로 서태평양 중위도, 그러니까 한반도와 일본 인근의 상층 부근에서 가장 강한 경향이 있다. 특히 아열대 제트의 경우에는 지구 자전에 의한 효과가 크기 때문에 한대 제트처럼 크게 사행하는 경우는 비교적 적은 편이다.

모든 권운이 그런 것은 아니지만 권운이 형성되면 그 방향은 제트기류와 비슷할 때가 많다. 6km부터 12km까지 넓은 범위에서 형성되며 특히 제트기류를 타고 생기는 권운은 흔히 새털구름이나 머리카락 형태를 하고 있다. 종종 나쁜 날씨가 다가올 것이라는 상징이 되기도 하는데 이때 형성되는 권운은 제트기류에서 나타나는 깃털 같은 권운보다 약간 낮은 권층운이나 권적운일 가능성이 높다. 제트기류 중심에서 약간 남쪽에 생기기 때문에 제트기류의 이동에 따라 구름이 구부러지는 현상도 나타난다. 비행기를 타지 않으면 체험할 수 없는 제트기류를 육안으로 볼 수 있는 기회가 기상학자에게는 무척이나 소중하다. 날씨를 예보하는 사람들에게도 유용하다. 현재의 상층 바람 경향과 수치 모델에서의 바람 경향을 어느 정도 비교할 수 있는 수단이 되기 때문이다. 위성이 찍은 사진에서도 가장 잘 나타나는 것은 권운이다. 하층운을 가장 가까이 보는 지상에서와 달리 위성은 하늘에서 사진을 찍기 때문에 당연하게도 상층운을 가장 먼저 보기 때문이다.

겨울을 수놓은 권운의 위성사진.
사진의 연파랑색으로 표시된 부분이 권운이 나타나는 구역이다.(출처: 기상청)

맑은 날 바람이 그려내는 얼음 결정의 그림. 그것이 바로 권운이다. 제트 기류가 지나간다는 표시이기도 하니 그 부근 어딘가로 비행기가 날고 있을지도 모른다. 언뜻 우리와 전혀 관련이 없을 것 같이 높이 뜬 구름인데도 언젠가는 그곳의 공기와 얼음이 지상까지 도달할 수도 있다. 전 세계에 영향을 미치는 바람과 그 바람이 만들어낸 구름은 별것 아닌 것처럼 보여도 경이로운 자연의 원리를 담고 있다.

짙은 권운이 만들어 낸 환상적인 노을

조금 더 재미있는 기상학 정보

한대 제트: 중위도(북위 30~50도)부근에서 흐르는 제트. 계절에 따라 차이가 매우 큰데, 고위도 지방이 차가워지면 차가운 공기가 남쪽으로 더 내려와 흐른다.

아열대 제트: 북위 30도 부근에서 흐르는 제트. 계절에 따른 차이가 크지 않은데, 그 이유는 제트의 원인이 적도 지방에 위치한 공기가 가열되기 때문이다. 적도의 기온은 연중 변화가 적으므로 제트의 변화도 적다.

참고 자료

· 「오오이시 논평: 제트 기류 발견의 맥락으로 바라본 OOISHI'S OBSERVATION: Viewed in the Context of Jet Stream Discovery」(John M. Lewis, Bulletin of the American Meteorological Society, 2003)

· <일본의 제2차 세계 대전 비밀 무기: 풍선 폭탄 Japan's Secret WWII Weapon: Balloon Bombs>(Johnna Rizzo, National georaphic, 2013)

봄소식을 들고 오는
조금 미운 손님

#황사 #미세먼지 #봄 날씨 #기상현상

어느 샌가부터 한국 사람들에게 '봄이 되면 황사가 찾아온다'는 말보다 '미세먼지가 증가한다'는 말이 익숙하게 되었다. 봄철과 가을철, 대기가 안정적인 날이 많은 계절에는 여지없이 안개인지 황사인지 모를 희뿌연 공기가 주변에 가득해진다. 미세먼지를 신경 쓰는 세상이지만 황사는 여전히 대륙을 넘어 한반도에 영향을 주는 기상 현상 중 하나다.

황사와 미세먼지의 차이는 이름에서부터 드러난다. 황사黃沙는 그야말로 누런색의 모래라는 뜻이다. 영어로는 Asian Dust라는 단어를 많이 쓰지만 종종 Yellow Dust라는 표현도 등장한다. 아시아 사람으로서는 '우리나라에서 발생하는 것도 아닌데 아시아로 퉁치지 말아 줄래?'라는 딴죽을 걸고 싶을 때도 있다. 황사는 주로 동아시아 대륙의 사막과 황토대에서 일어난 모래 먼지가 원인이 된다. 이런 장소는 연 강수량이 300mm 정도밖에 되지 않는다. 한반도의 여름에 집중호우가 한번 내리면 300mm를 기록하기도 하는데 그에 비하면 무척 적은 양이다. 조금만 바람이 불어도 모래 먼지가 날리는데 강한 바람이 한번 불면 아시아의 동쪽 전체를 위협하는 황사 현상으로 발전한다.

그에 반해 미세먼지는 먼지 중에서도 '크기가 매우 작은微細' 먼지를 통칭하는 말이다. 미세먼지의 발생은 사람의 활동이 주원인으로 꼽힌다. 현대인에게 없어서는 안 될 에어컨을 비롯한 가전제품과 공장에서 발생하는 분진, 화학반응을 일으키는 자동차의 매연 같은 것들이다. 하지만 최근에는 요리를 할 때도 복사를 할 때도 미세먼지 농도가 올라간다는 주장으로 인해 사람들에게 공포감을 자아내기도 했다. 이미 많은 가정에서 공기청정기를 가동하고 있으며 차량용 공기청정기, 휴대용 공기청정기 같은 다양한 제품들도 출시되고 있다. 미세먼지는 황사와는 달리 작은 물방울이 만들어내는 박무나 안개와 비슷해 보이기도 해 목측으로 구분하기 쉽지 않다. 그래서인지 사람들은 짙은 안개가 꼈을 때 미세먼지와 착각하기도 한다. 안개가 짙게 끼면 그만큼 공기 중에 수증기가 모일 수 있게 도와주는 씨앗인 응결핵이 많다는 의미이므로 미세먼지를 발생시키는 요인들이 평소보다 많을 수 있다. 황사의 경우에는 내가 바라보는 시야에서 얇게 물감을 칠해놓은 것 같은 누런 공기가 눈에 띈다. 주 입자가 모래먼지이기 때문에 모래의 색이 그대로 보이는 것이다.

봄이 오기 시작한다. 사막에 태양빛이 지면에 내리 쬐인다. 옅거나 짙은 노란색을 가진 고운 입자의 모래는 쉽게 달구어진다. 최근 들어 나타나는 이상기온 현상은 토양 수분을 적게 만들어 황사를 더욱 강화한다는 연구도 있다. 날씨가 따뜻해지면 쉽게 가열된 지면의 공기는 상승 운동을 하게 된다. 토양이나 대기 중의 수증기가 거의 없어 구름이 생성되는 경우는 많지 않다. 그 상승 운동이 끌고 상층으로 데려가는 것이 바로 모래먼지이다. 머리카락 굵기의 약 1/6 정도밖에 안 되는 이 작은 먼지들은 자유낙하를 하기도 전에 또 다른 상승기류를 만난다.

모래입자가 날아올라 도착하는 고도는 지상에서 약 2~3 km 정도이다. 기압으로 따지면 850~700hPa 정도의 높이인데 이 높이에서 부는 바람이 있다. 강한 하층 제트다. 주로 서쪽에서 동쪽으로 부는 이 하층 제트는 떠오른 모래

입자를 손쉽게 한반도까지 실어 나른다. 한반도 주변에서 급격하게 하강기류가 생기는 곳을 타고 지상까지 도달하게 되는 것이다. 사막 지역에서 똑같이 모래먼지가 생기더라도 이동 방향이 한반도를 빗겨나가면 아슬아슬하게나마 황사의 영향을 덜 받을 수 있다. 보통 봄철과 가을철에는 북서풍 계열의 하층 제트가 생긴다. 그 하층 제트의 방향이 남서풍으로 바뀔 때쯤이 되어서야 황사가 오지 않겠구나, 하고 안심한다.

한반도에 영향을 미치는 황사의 발원지는 크게 네 곳으로 분류할 수 있다. 주로 '몽골 지역에서 발원한 황사'라고 불리는 곳은 내몽골이라고 불리는 네이멍구 Inner Mongolia와 고비 Gobi 사막이다. 기상청의 예보나 연구에서는 대부분 내몽골 지역과 고비 사막을 분리해서 표현한다. 두 지역이 꽤 떨어져 있어서 기압계 위치에 따라 변화하는 경우가 크기 때문이다. 중국 내륙에서는 비교적 우리나라와 가까운 만주 Manchuria와 평균 해발고도가 1,000m를 넘나드는 황토고원 Loess Plateau이 있다.

기압계의 상태에 따라 이 지역들에서 발생한 모래 먼지들이 대기의 순환을 통해 한반도로 신속 배달된다. 기압과 습도는 주변보다 비교적 낮거나 바람이 비교적 강하게 불 때 가장 쉽게 생성이 되고 이런 조건이 갖추어지는 시기가 바로 3월과 4월이다.

네 곳 중 한반도로 가장 빈번하게 반갑지 않은 손님을 보내는 곳은 단연 내몽골이다. 우리나라에 영향을 미치는 황사의 약 50%가 내몽골에서 왔다. 몽골의 국토는 대부분이 사막화가 진행되어 있다. 겨울 동안 토양 속 수분을 빼앗기고 공기도 건조해져 있기 때문에 바람이 약간 강한 정도(초속 4~8m)로만 불어도 쉽게 모래먼지가 일어난다. 특히 내몽골 지역에 저기압이 자주 발생하고 상대습도가 낮은 날들이 이어지면 한반도의 황사 일수는 증가하는 경향을 보인다. 이 지역은 지구상에서 몇 손가락 안에 들 정도로 건조한데, 무엇보다 중요한 것은 기압계가 거쳐오는 통로라는 것이다.

황사에 대한 이야기를 할 때 가장 궁금했던 것은 '위성으로 사진을 찍으면 공중에 떠 있는 황사도 보이지 않을까?'였다.

"위성으로 보면 눈으로 보는 것처럼 보인다며?"

"구름은 흰색이고 모래는 노란색이니 차이가 확 나지 않겠어?"

일리 있는 말이기는 하다. 실제로 강한 황사는 위성으로 관측할 수 있다. 특히 발원지에서 떠오르는 황사는 농도가 매우 짙어서 낮에 찍은 가시영상 사진이라면 쉽게 구분이 가능하다. 그러나 문제는 여전히 존재한다. 바람이 여러 고도에 분포할 경우다. 가시광선은 해가 떠 있는 시간 동안만 관찰이 가능하고 그 외의 시간에는 적외선 채널들을 이용해 위성사진을 관측한다. 만약 중층 이상의 구름이 짙게 깔려 있다면 하층에서 이동하는 황사를 관측하기는 쉽지 않다. 맑은 날에는 탐지할 수 있는 가능성은 높아지는데 지면의 색과 구분이 안 되는 경우가 있다. 그래서 황사를 위성으로 관측하려면 빛의 다양한 색을 수집할 수 있는 기술이 필요하다. 최근에는 천리안-2A 위성의 영상을 분석하는 여러 기술이 개발되기도 했다.

지상에서의 관측도 꼭 필요한 요소 중 하나다. 2005년부터는 한국과 중국에서 공동 관측망을 운영하고 있다. 황사의 가장 직접적인 영향을 받는 곳은 1차가 중국, 2차가 한국이다. 중국으로서도 동쪽 지역인 베이징, 상하이 같은 대도시에 황사 피해가 걱정되는 상황이며, 한국 또한 타국에서 넘어오는 자연재해를 한발 빠르게 예측해서 국내 피해를 줄여야 할 필요가 있다. 현재까지도 중국 내 여러 거점 도시에 설치된 황사 관측 자료는 한반도 황사 예보에 많은 도움을 주고 있다.

대체 황사 관측은 어떤 식으로 이루어지는 것일까. WMO(세계기상기구)의 황사 관측 권고사항은 목측 관측이 기본이다. 다만 최근의 황사는 연무, 미세먼지, 박무 현상과 구분하기 어려운 경우도 많다. 관측 기기도 많이 개발되면서 현재의 관측자들은 대부분 부유분진측정기(PM10 측정장비)와 광학 입자 계수기^{Optical Particle Counter}(광산란 측정법을 이용하여 실내 또는 실외에서 공기 중에 떠다니는 분진을 측정하는 장비) 등의 첨단 장비로 관측한 값을 기준으로 하여 눈으로 본 관측과 비교, 황사인지 아닌지 판단한다.

관악산 레이더 관측 장소의 PM10 부유분진측정기. 왼쪽의 길쭉한 버섯처럼 생긴 장비가 기상청에서 주로 사용하는 PM10 장비이다. 낙뢰를 맞을 경우 고장날 위험이 크므로, 날씨가 좋지 않으면 전원을 꺼 놓기도 한다.

눈이 침침하거나 텁텁한 공기, 코비드-19로 인해 마스크가 필요한 날이 이어지지만 황사는 봄날 기온이 따스해질 것을 알려주는 전령이고 가을에는 더운 여름이 끝을 고한다는 인사라고 할 수 있다. 반갑지는 않지만 마냥 밉다고 하기에는 또 정이 들어버린 손님처럼 아마 동장군이 서서히 여행을 떠날 때, 또 한 번 황사의 발원 소식이 들릴 것이다. 그럴 때 세차는 안 하는 게 좋겠다.

참고 자료

· 『에어로졸 관측업무 매뉴얼』(기후변화감시 기술노트, 기상청, 2016)

· 「한국에 출현한 황사의 발원지별 기상 특성 분석」(김선영·이승호, 대한지리학회, 2013)

· <황사예측 가이던스&사례분석>(손에 잡히는 예보기술 제 21·22호, 기상청, 2013)

구름을 즐긴다면 누구나 기상 관측자

#구름 #하늘 #기상 관측

기상 관측자가 바라보는 구름은 높이와 양, 모양으로 나뉜다. 하층운, 중층운, 상층운으로 세분화하여 표현하는데 그 표현의 방법도 상당히 자세하다. 관측이 되지 않는 상황부터 흔히 알고 있는 열 가지 종류의 구름들에 대한 설명도 기호와 숫자를 통해 알 수 있다.

가을 하늘을 수놓은 화려한 권운

잠깐만 눈을 떼면 커다랗게 성장하는 적운

하늘이라는 거대한 공간을 고작 세 개의 층으로 나누기에는 너무 적은 것 같지만 상층, 중층, 하층으로 나눈 것에는 다 이유가 있다. 먼저 하층운은 지면의 영향을 가장 많이 받는 층의 구름이다. 구름의 온도도 비교적 높은 편이라 하층운의 주 성분은 얼음이 아닌 물방울이 대부분이다. 층적운 Sc: Stratocumulus, 층운 St: Stratus이 대표적인 하층운 구름이고 하층에서부터 상층까지 연직으로 커다랗게 발달하는 적운 Cu: Cumulus과 적란운 Cb: Cumulonimbus까지 하층운을 이를 때 함께 표현하기도 한다. 지면에서 보기에는 하층운이 짙게 낀 것으로 보이기도 하기 때문이다. 구름이 변화하는 속도도 빠르고 비나 눈을 뿌리기도 하기 때문에 반갑지 않을 때도 있지만 더운 여름에 커다랗게 생겨나 뜨거운 지면을 식혀주는 하층운은 반가운 존재가 되기도 한다. 층운은 '적'이라는 글자가 들어가는 구름보다 더 낮은 높이에서 관측된다. 하늘에 김을 뿜어내는 커다란 드라이아이스를 가져다 놓으면 층운의 모습과 비슷할 것이다. 아주 낮은 층운은 안개와 크게 다르지 않다. 대부분의 하층운은 일상생활에 가장 밀접한 구름이라고 할 수 있다.

중층운의 범위는 다양하다. 하층에 가까이 생성된 중층운은 하층운의 성질과 비슷하고 상층에 가깝게 생성된 중층운은 상층운과 구분하기 어렵다. 그래서 관측자들이 구름의 높이를 잴 때 가장 헷갈려하는 구름이기도 하다. 중층운은 보통 고적운 Ac: Altocumulus, 고층운 As: Altostratus 그리고 난층운 Ns: Nimbostratus 으로 나뉜다. 크게 나누자면 양떼구름을 고적운, 태양이 보이지 않지만 주변이 밝은 층운은 고층운, 비가 올 때 높이 뜬 평탄한 구름을 난층운이라고 하지만, 실제로 하늘을 보면 한숨이 나올 정도로 다양한 구름의 형태가 보인다. 납작하게 눌려 보이는 고적운, 태양이 보일락 말락 하는 고층운은 쉬운 편에 속한다. 바깥에 나가 구름을 관찰할 때 높은 구름에 약간의 명암이 보인다 싶으면 대부분이 고층운이라고 생각하면 된다.

상층운은 높은 고도에 둥실둥실 떠 있는 작은 얼음 덩어리들이 바람에 의해 모였다 흩어지며 만들어내는 구름이다. 권운 Ci: Cirrus, 권적운 Cc: Cirrocumulus 그리고 권층운 Cs: Cirrostratus으로 분류하고 학교에서는 보통 새털구름과 더불어 햇무리, 달무리가 생기는 구름이라고 배운다. 실제 관측을 할 때도 새털이나 붓질한 것 같은 모양, 무리가 생기는 모습을 자세히 살펴본다.

기상 관측 지침에서는 하층운, 중층운, 상층운 모두 관측자가 입력하기 위해 각각 열 가지, 총 서른 가지의 자세한 구름 모양으로 나누어져 있다. 이렇게 3개 층의 구름을 코드를 통해 입력하는 방법은 세 층의 구름을 동시에 표현할 수 있다는 장점이 있다. 공간적으로 관측자의 위치로부터 상층까지 보이는 대기 상태를 알 수 있기 때문이다. 한편으로는 적운과 적란운, 적운과 층운이 나타날 때 표현이 동시에 되지 않는 단점도 지니고 있다. 하지만 코드로 만들어지는 자료 한 글자 한 글자의 풀이를 보고 있으면 그 날의 구름들이 눈앞에 선하게 그려지는 듯하다.

구름을 기계로 관측하기 어려운 이유가 바로 이런 복잡성 때문이다. 하늘 아래 같은 구름은 없다고 했던가. 많은 사람들이 생각하는 것처럼 구름은 규칙성을 가진 불규칙의 향연이다. 때로는 대여섯 가지 구름이 한 번에 관측되기도 하고 층적운도 적운도 아닌 구름이나 층운이라고 해야 할지 안개라고 해야 할지 애매한 경우도 있다. 관측자의 경험과 그날그날 날씨 상황에 따라 같은 구름을 보더라도 관측한 구름은 달라질 수 있다.

사람도 어려운 관측인데 기계라고 쉬울까. 운고·운량계를 통해 구름을 관측할 수 있지만 기계가 관측하는 하늘은 사람의 눈으로 보는 하늘보다 훨씬 범위가 좁다. 카메라가 허락하는 각도의 사진을 찍어 구름의 높이와 구름의 모양을 판단하는 것이 주 원리인데, 카메라가 넓은 하늘을 모두 담기란 힘든 법이다. 기술이 더 나아지고 관측이 자연스러워질 때까지는 사람의 눈이 더 믿을만하다는 의견도 있다.

기기로 관측하기 힘든 분야 중 다른 하나는 가시거리다. 주변 지형이 복잡하고 멀리 볼 수 없는 내륙의 산간지역에서 가시거리는 늘 관측하기 까다로운 요소다. 하지만 최근 관련 기술이 크게 발전했다. 적외선 광원을 발사해서 공기 중에 있는 입자의 산란이나 반사를 제외하고 통과하는 비율을 통해 가시거리를 측정한다. 장애물만 없다면 가시거리는 비교적 기계화가 쉬운 편이다. 관측 장소 주변은 보통 건물이 많이 위치하지 않은 곳이라 시야가 트여있어 얼마나 멀리 보이는지 관측하는 일은 그리 어렵지 않다고 한다. 기계는 이에 더해 보일 듯 말 듯 애매한 상황에서 명확한 판단을 내릴 수 있게 해 주었다.

가시거리 관측이 자동화되면서 장점도 생겼다. 사람의 눈으로 주변을 살피기 어려운 밤에도 기계는 간단하게 관측할 수 있다. 시정 목표물이 제대로 갖추어지지 않은 장소에서도 관측하는 똑똑함을 탑재했다. 그러나 이 유능한 기계에도 한계가 있다. 주변 지역에서 연기가 날 때나 한 방향이 아닌 다양한 방향에서 불균등한 가시거리가 관측될 때다. 가시거리를 재는 기계는 보통 한 방향으로 관측을 하는 것이 일반적이다. 그래서인지 한쪽 방향만 가시거리가 급격하게 낮아질 경우에는 굉장히 혼란스러운 상황이 오기도 한다. 관측자들이 늘 힘들어 하는 점은 관측할 수 있는 범위가 기계로는 한정적이라는 것이다. 하지만 다양한 장비와 기법들이 개발되어서 품을 덜 들게 해준다. 요즈음에는 시정계의 기능도 더욱 고도화되면서 사람이 놓치기 쉬운 기상 현상까지 기록해 준다. 100% 신뢰할 수 있는 정보는 아니지만 사람이 기록해야 하는 관측을 또 다른 눈으로 관측해주니 듬직한 파트너가 된다.

　그런데 모든 관측 요소와 관측 방법보다도 중요한 것들이 있다. 관측자들이 약한 강박증이나 트라우마를 가지게 될 정도로 중요한 일. 그것은 바로 '시간'이다. 대부분의 관측은 정시, 그러니까 매 시 정각에 이루어진다. 다만 현실적으로 모든 관측이 1분 안에 이루어질 수 없기 때문에 보통은 정시가 되기 5분 전인 55분에 미리 관측을 시작하고는 한다. 자칫 다른 업무를 하다가 잊어버릴 수 있기 때문인지 관측자들의 컴퓨터에는 늘 정시가 되기 5분이나 3분 전부터 알람이 울리고 정각과 정각에서 보통 3분이 지난 시각까지 알람이 설정되어 있다. 그마저도 컴퓨터 알람이 불안한 관측자들은 휴대폰 알람을 설정해두곤 한다.

　관측 업무를 경험해본 대부분의 사람들이 꿈에서 관측 알람을 들었다고 한다. 기상 관측을 해야 하는 시간이 지나버려 식은땀을 흘리며 잠을 깬 경험이 있을 정도로 시간이라는 존재는 중요하다. 전 세계 사람들이 공유하는 정보이기도 하고 한 순간만 존재하는 기상 현상은 그 시간이 지나가면 다시 볼 수 없기 때문이기도 하다. 인지하지 못한 사이 무언가 지나가 버릴까봐 안달복달하게 된다. 교대 근무를 하니 하루에 열두 번만 관측하면 퇴근 시간이 되는데도 그때그때 긴장되고 손이 떨리는 일이 다반사다. 정시를 전후로 소나기라도 내린다면 1분 1분의 하늘을 바라보느라 쉴 틈이 없다.

　대한민국은 여러 나라 중에서도 관측 환경을 갖추기가 유독 어려운 나라다. 관측 환경을 조성하기 위해서는 꽤 큰 공간이 필요하다. 최소 70m²로 따지면 21평 정도가 필요하다. 관측 장비가 많은 곳이라면 가로세로 25m의 공간을 필요로 하는데 평수로 치면 190평 정도다. 인구밀도가 낮은 중소도시에서는 큰 상관이 없지만 대도시에 관측 환경을 갖추기는 쉽지 않다. 다행인 것은 자동기상 관측 장비들 중에서도 꼭 필요한 장비들만 선별해서 좁은 장소에 설치를 하는 방법도 있다는 것이다. 관측을 하는 사람들은 그 장소 하나하나의 특성을 알고 기온이 갑자기 오르면 오르는 이유를, 비가 그곳만 피해간다면 이유가 무엇인지를 하나하나 분석한다. 그렇게 지형 특성을 분석한 자료를 가지고 예보관들은 예보를 낼 때 참고하게 된다. 대한민국처럼 복잡한 지형일수록 다양한 관측 자료가 축적되어 있어야 그것을 바탕으로 미래를 예측할 수 있다.

모든 예보와 수치 모델의 든든한 기반이 되어주고 있는 관측 자료. 하루하루 자신의 이름이 새겨진 관측 기록을 볼 때마다 그날의 날씨가 떠오른다. 관측 업무는 날씨를 바라보는 일의 가장 낮은 곳에 있는 출발점이다. 그렇기에 사람들은 오늘도 묵묵히 티 나지 않게 하늘을 바라보고 지구의 하루를 기록하고 있다.

기상청 본청의 관측 장소 전경. 실제로 운영되고 있는 기기들이지만
부지 문제로 표준화된 관측 장소보다는 약간 좁은 편이다.

조금 더 재미있는 기상학 정보

강수강도: 강수가 얼마나 강하게 내리는 지를 구분하는 기준. 강수강도는 이슬비, 비, 눈 등 대부분의 강수현상에 대하여 강도를 구분한다.

현상	판정기준	강도0	강도1	강도2
비 소낙비	강수강도	3 mm/hr 미만	1~15 mm/hr <	15 mm/hr 이상
이슬비	시정	1 km 이상	> 1~0.5 km	0.5 km 미만
눈 소낙눈	강수강도	1 mm/kr 미만 (3~4분 동안 얇게 깔리는 정도)	1~3 mm/kr < (3~4분 동안 지면이 안보일 정도)	3 mm/kr 이상 (3~4분 안에 충분히 쌓이는 정도)
	시정	1 km 이상	> 1~0.2 km	0.2 km 미만
진눈깨비	강수강도	1 mm/kr 미만	1~3 mm/kr <	3 mm/kr 이상
싸락눈 가루눈 어는비 싸락우박 우박	소리	약	중	강
	강수강도 (목측 추정)	매우 약하여 거의 쌓이지 않음	보통으로 내려 약간 쌓이는 정도	보고 있는 동안 쌓이는 것을 알 수 있는 정도

강수현상에 대한 강도 구분표(출처: 지상기상관측지침, 기상청, 2016)

강수량: 수평면 상의 지면 위에 액체 형태로 있다는 가정에서 갖게 되는 강수의 높이. 비, 이슬비 등 액체성 강수는 물론 눈, 싸락눈, 우박 등 고체성 강수 또한 녹인 물의 깊이로 측정해 강수량을 계산한다. 보통 자동기상 관측 장비를 이용해 1분 단위로 측정하며, 단위는 0.1mm(무게식 강수량계), 0.5mm(전도형 강수량계를 비롯한 기타 강수량계)를 사용할 때가 많다.

증발량: 액체나 고체 상태의 물이 지면에서 기체 상태로 변화하는 양이 얼마나 되는지 측정하는 과정이다. 주로 농업기상, 기후변화감시, 댐 관리, 생태계의 변화 등에 이용하기 위하여 측정한다. 단위는 mm이며, 하루의 증발량은 세계표준시(UTC)를 기준으로 전일 00시부터 당일 00시까지 증발된 양을 측정한다. 최근에는 무인 관측소가 많아져 증발량을 측정하지 않는 기상관서도 많다.

일기상 통계표: 기후통계를 위해 작성하는 하루 동안의 기상 상태를 모은 표. 주요 작성법은 기상청의 기후통계지침에 따른다. 관측 방법의 대대적인 변화에 따라 지침이 개정되면서 달라지기도 하기 때문에 시기마다 측정되는 요소에 차이가 날 수 있다.

자동기상 관측 장비: 기상요소별 관측 센서로부터 측정된 값을 일정한 기상학적 물리량으로 변환, 처리, 표출하는 과정을 자동으로 수행하는 장비를 말한다. 장비와 더불어 관측된 자료를 전송하는 기능까지 필요하다. 사용 목적에 따라서는 종관용(기상관서의 관측 업무 자동화 장비)과 방재용(기상 관측 사각 지역에서 관측 공백을 해소하기 위한 장비)으로 구분된다.

운고·운량계: 구름 밑면의 높이를 측정하는 기기. 운고계에서 연직 위쪽으로 발사한 레이저가 구름으로부터 반사되어 되돌아오는 시간을 이용해 구름의 높이를 구한다. 보통 운고와 운량은 한 장비에서 나온다.

시정계: 기상청에서 시정(가시거리)를 측정하기 위해 이용하는 기계. 송신부와 수신부에서 레이저 빔을 발사하고 수신해 공기 중에서 얼마나 산란되고 흡수되는지를 측정한다. 보통 1분 동안 10~15초 간격으로 측정해 평균값을 표출한다.

지구가 돌지 않는다면 과연 지구에 생물이 살 수 있었을까? 대부분의 천체는 자전을 한다. 천문학을 전공한 것은 아니지만 지구가 자전하는 이유를 들을 때마다 그저 자연의 경이로움에 감탄할 수밖에 없다. 기상학과 천문학이 같은 계열의 학문으로 이야기되었던 것 또한 그런 이유에서 일지도 모른다. 또한 지구가 우연히 1초에 465m의 속도로 자전하지 않았다면 대기대순환은 어떤 형태를 하게 될지 궁금해 하는 연구자들의 연구도 계속되었다.

행성들은 수많은 크기의 바위가 부딪히고 합쳐지면서 만들어졌다고 한다. 천문학적인 확률로 생물이 살아가기 딱 좋은 크기와 환경의 지구가 만들어지는 데에는 엄청나게 긴 시간이 필요했다. 우주를 떠다니는 바위는 공전을 하는 힘에 의해 서쪽에서 동쪽으로 이동하고 있었고 그 과정에서 또 다른 바위였던 지구에 충돌하거나 병합된 바윗덩어리들에 의해 지금의 자전 속도가 되었다는 가설이 가장 유력하다. 부딪히는 바위 덩어리의 위치와 속도까지 누군가가 계획적으로 꾸민 것이 아니라면 23.5도가 기울어진 지구의 자전축마저도 '우연의 산물'이라는 결과가 나온다. 물론 이 값들은 영원한 것이 아니고 인간은 체감할 수 없는 주기로 조금씩 변화하고 있지만 현재의 자전주기와 공전주기, 그리고 자전축의 기울기가 생물들을 살 수 있게 만드는데 일조한 것은 분명하다.

그렇게 돌고 돌다 보니 지구는 지금의 형태와 비슷한 형태를 갖추게 되었다. 원시 지구는 암석 덩어리에 불과했을 것이다. 그리고 원시 지구의 대기 또한 태양의 영향을 받은 대기 구성을 가지고 있었던 것으로 추정된다. 이때는 수소^{H_2}가 주 성분이었는데, 메탄^{CH_4}, 수증기^{H_2O}, 암모니아^{NH_3}등으로 구성되어 있다가 태양풍에 의해 일부 성분이 날아갔고 남아있는 성분 중 수증기가 존재했다. 그 이후 소행성들의 충돌로 인해 이산화탄소^{CO_2}나 질소^{N_2}가 유입되었다. 이후 거대한 물웅덩이와 생명체가 생기고 이산화탄소가 서서히 물속으로 녹아들어 가기 시작하며 산성이었던 물이 중성화되기 시작한다. 이 모든 것이 27억 년 전 즈음 광합성을 통해 이산화탄소를 소비하고 산소^{O_2}를 만들어 내는 아주 작은 생물인 남조류$^{藍藻類, \text{ Blue-green algae}}$가 등장하면서 지구에도 드디어 산소가 생기게 된다. 산소의 양은 시대에 따라 조금씩 변하는데 주로 산소를 만들어내는 식물과 소비하는 동물의 구성에 따라 달라졌다. 대기의 구성 성분이 바뀌는 가운데에도 수증기는 굳건히 날씨를 만들어내는 자신의 역할을 지켜냈다.

목성과 토성에 자전으로 인한 가스의 흐름이 보이는 것처럼 대기의 흐름도 원시 대기였을 때부터 있었을 것이다. 대기의 조성과 태양의 활동, 지구 자전 속도에 따라 다르기에 현재와 어떻게 다를지 정확히 추정할 수는 없다. 하지만 중요한 것은 지구가 돌면 그에 따라 대기도 돈다는 사실이다. 특히 태양빛과 지구 자전 속도는 대기 순환에 커다란 영향을 미쳤다. 지구과학에 관심이 있다면 한 번쯤 들어봤을 법한 '코리올리의 힘'이 바로 그 명확한 증거다.

코리올리의 힘을 과학적으로 설명하자면 회전 좌표계, 각운동량 등 어려운 개념이 많이 등장한다. 그것들을 다 생략하고 결론적으로만 말하자면 '구

모양으로 생긴 지구가 위도에 따라 자전 속도가 다르기 때문에 이동속도가 다르게 보이는 현상'이다. 극지방으로 갈수록 자전 속도는 감소한다. 적도에서는 자전 속도가 가장 빠르다. 적도에서 던진 공을 극지방에서 볼 수 있다는 가정 아래, 공을 던지면 운동 방향에 대해서 오른쪽으로 휘어지는 것처럼 느껴지는 것이다.

더불어 태양 빛을 받는 면이 구면이고 지구의 자전축이 기울어져 있기 때문에 지면에 도달하는 빛의 양에 차이가 생긴다. 빛을 많이 받은 곳은 온도가 올라가 상승기류가 생기고, 이때 생긴 상승기류가 대기권 상부로 올라가다가 하강하는 것이 바로 1735년에 조지 해들리 George Hadley가 주장한 '해들리 순환'이다.

이때 해들리는 적도와 극지방의 기온 차이, 그리고 지구의 자전이 이 순환을 만들어 냈다고 이야기한다. 당시에는 가설에 가까운 것이었지만 코리올리가 1835년 '코리올리의 힘'에 대해 설명하면서 더욱 신뢰성 있는 이론이 됐다. 코리올리의 힘과 각운동량보존법칙에 의해 30도 부근에서 공기가 하강해 '해들리 세포'(적도~위도 30도 부근)를 만들어 낸다. 극지방(극지방~위도 60도 부근)은 반대의 원리가 적용된다. 극지방에서 냉각된 공기가 상층에서 지속적으로 하강하다가 지면을 만나면 저위도로 흐른다. 그렇게 60도 부근으로 오면 공기가 따뜻해져 상승할 수 있게 된다. 다만 극세포는 해들리 세포처럼 강한 세력을 갖기 어려워 계절에 따라 크기와 형태 변화가 심한 편이다.

극세포와 해들리 세포 사이인 위도 30도에서 60도 사이의 지역에는 아주 수동적인 기류만이 남는다. 30도에서 하강해 하층에 도착한 공기의 일부가 고위도로 이동하고 60도에서 상승하던 공기의 빈자리를 고위도로 이동하던 공기가 채운다. 상층도 마찬가지다. 60도에서 상승한 공기의 일부가 저위도로 내려가고 30도에서 하강하는 상층 공기의 빈자리를 고위도에서 이동한 공기가 채운다. 큰 흐름이 여럿 있는 가운데에 그 사이에서 작은 흐름들이 생기는 것으로 생각하면 쉽다.

대기대순환 세포를 나누는 기준이 위도 약 30도 부근인 이유에는 지구 자전 속도가 가장 큰 영향을 미치고 있다. 거기다 지구의 자전 속도는 상층 제트기류의 세기에도 영향을 미친다. 지구 자전 속도가 현재의 1/8이 되면 현재보다 제트기류의 세기는 20m/s정도 더 빨라지고 해들리 세포는 극지방으로 가까워진다. 만약 지구 자전이 빨라진다면 어떻게 될까? 현재의 8배가 된다면 제트기류는 30m/s정도나 약해지고 해들리 세포는 적도 지방에 가깝게 내려오게 된다. 실험에 의한 결과일 뿐이라 실제 대기에 적용되면 다양한 변수가 생길 것이다. 하지만 적어도 지구 자전이 대기대순환에 커다란 영향을 미치는 것은 다양한 실험을 통해 알 수 있다.

당연하다고 생각했던 자연의 흐름을 하나씩 알아갈 때나 '왜?'라는 질문을 가지고 하루를 마감할 때마다 여전히 배울 것이 많다는 사실에 한숨이 나온다. 당연한 듯 외웠던 힘의 작용 방식이나 수학적으로 표현된 법칙들이 실제 지구의 대기에 적용되면 다채롭고 아름다운 날씨를 만들어 낸다. 날씨를 공부하기 위해 거대한 우주의 흐름을 배우는 일은 그 속의 작은 것들보다 큰 흐름이 만들어 내는 변화가 뚜렷하기 때문일 것이다.

지구의 하루 길이는 10만 년에 1초씩 늘어나고 있다고 한다. 지구 자전 속도가 조금씩 느려지고 있다는 것과 같은 의미이다. 그리고 75억 년이 지나면 지구는 완전히 멈춘다고 한다. 과연 그때의 대기 상태나 태양과 지구 그리고 달의 관계는 어떻게 될지 궁금하기도 하고 두렵기도 하다. 인류가 75억 년 후에도 남아 있을지는 불분명하지만 인간이 호흡했던 대기는 그때도 지구를 지키고 있을지도 모른다.

[GK2A RGB DAY+NIGHT] 2021-03-01 01:20 UTC (03-01 10:20 KST) KMA

국가기상위성센터
National Meteorological Satellite Center

돌고 도는 지구가 만들어 낸 아름다운 구름들(출처: 기상청)

[GK2A RGB TRUE] 2021-03-01 03:30 UTC (03-01 12:30 KST) KMA

국가기상위성센터
National Meteorological Satellite Center

사람의 눈에 보이는 것과 같은 가시 광선으로 촬영된 지구(출처: 기상청)

조금 더 재미있는 기상학 정보

코리올리의 힘Coriolis force: 전향력, 코리올리 효과Coriolis effect라고도 한다. 1835년 프랑스 과학자인 가스파르-귀스타브 코리올리Gaspard-Gustave Coriolis가 설명해 낸 힘이다. 회전하고 있는 상태에 있는 관측자가 자신이 회전하는 것을 인식하지 못할 때(예를 들면 지구 위에서 관측하는 관측자의 경우) 모든 운동이 힘을 받은 것처럼 보이는 효과이다. 지구는 구 형태를 하고 있는데 하루에 모든 지점에서 한 바퀴를 돈다. 그 속도는 적도 부근에서는 상대적으로 느리고 위도가 높아질수록 빠르다. 이로 인해 적도에서 북반구 고위도, 남반구 고위도로 운동을 할 때는 휘어지는 운동이 나타난다.
다음 영상에서 더욱 자세한 내용을 확인해볼 수 있다.

참고 자료

· 『대기과학』(Frederick K. Lutgens, Edward J. Tarbuck 공저, 김준 외 7인 역, 시그마프레스, 2016)

· 『알기 쉬운 지구물리학』(Robert J. Lillie 저, 김기영, 김영화 역, 시그마프레스, 2006)

· 「지구 자전속도에 따른 해들리 순환과 제트의 반응」(조종혁, 김서연, 손석우, 한국지구학회지, 2019)

· 「코리올리 힘의 학습에 관한 소고」(박철희, 대한기계학회, 1987)

제2부

날씨 상담사의
일

어느 날 눈을 떠 보니
예보관이자 날씨 상담사가 되어있었다.
공부는 취업 이후 끝이라고 생각했는데,
업무 역시 공부의 연속이었다.

날씨 상담사가 되겠습니다

#예보가 궁금할 때 #전화 상담 #민원 전화 #기상콜센터

기상청에도 전화 받는 일이 주 업무인 기관이 있다. 인터넷이 활성화되지 않았던 시절 기상청의 날씨 정보는 대부분 신문이나 뉴스로 나가는 경우가 많았다. 하지만 최신 기상정보를 들으려면 지역 예보관의 직통 번호를 알아야 했다. 전문 상담원이 아니고, 예보 인력은 한정되어 있다 보니 예보관들의 업무 과중을 줄이기 위해 만든 것이 바로 131번을 누르면 연결되는 기상 콜센터다. 2008년에 개소해 지금까지 이어져 오고 있는 기상 콜센터는 서비스를 시작한지 1년 만에 100만 건이 넘는 상담을 했고 하루에는 4천 건 가량의 문의가 들어온다. 현재 기상청에서 분리되어 민간 위탁으로 운영되고는 있지만 여전히 든든한 동료들이다.

ARS가 널리 퍼지기 전에는 전화로 예보를 들을 수 있도록 예보 개황을 녹음하는 것이 예보관들의 업무였다. 그 예보를 다 들은 후에는 상담원 연결이 가능했다. 아주 오래전 기상전화 131은 전화로 듣는 라디오였다고 한다. 녹음 업무를 하는 직원들이 한 시간에 한 번씩 날씨 상황을 직접 녹음했다. 사용자가 전화를 들어 지역번호와 131을 누르면 라디오를 켠 것처럼 내용이 중간부터 나오고 끝나면 다시 처음으로 되돌아가 재생되는 방식이다. 날이 좋을 때야 본인의 노하우만 있으면 녹음이 금방 끝나지만 태풍이라도 올라오는 날에는 녹음이 20분, 30분 이어졌다. 말실수를 하거나 버벅여도 처음부터 다시 녹음을 해야 했다. 손에 땀을 쥐고 긴장하며 녹음을 하고 나면 다음 녹음 시간이 다가온다. 한글 발음을 입력하면 기계음으로 읽어주는 기능이 도입되지 않았던 시절이라 대부분의 녹음은 사람의 목소리가 들어갔다. 기술이 발전하고 TTS Text to Speech 기능이 향상되면서 대부분의 예보를 기계음으로 읽을 수 있게 되었다. 예보관들의 부담도 덜고 시간도 절약되는 방법이었다.

현재 제공되는 ARS 방식의 기상 콜센터는 간단한 예보라면 대기 시간 없이 바로 들을 수 있다. 특보와 예보, 해상예보와 지진 정보도 제공된다. 특히 해양에서는 인터넷을 통한 자료를 얻기 힘든 경우가 많아 전화로 제공받는 정보가 중요하다. 수요가 많아서인지 기상 콜센터의 단축번호 중 2개(2번 해상예보, 7번 항해 기상정보)가 바다에 관한 예보다. 한 번이라도 기상상담을 받아 본 사람이라면 다양하고 상세한 정보에 놀라게 된다. 그 정보로도 모자라다면 0번을 눌러 상담사를 연결할 수 있다. 예보관은 아니지만 그날그날의 날씨를 누구보다 빠르게 파악하고 정보를 제공해 주는 콜센터의 상담 직원들을 만날 수 있다.

초보 예보관이던 시절, 기상 콜센터는 무엇보다 든든한 조력자였다. 131이라는 중간 과정 덕분에 단순 날씨 문의가 많이 줄어들었기 때문이었다. 때때로 '131 사람들을 믿을 수가 없어서 이쪽으로 전화했다'라고 이야기하는 민원인도 있었지만, 그들에게 할 수 있는 대답은 한 가지였다.

"131 콜센터의 상담 직원들과 저희들이 드릴 수 있는 정보가 다르지 않습니다. 선생님께서 기상청 홈페이지나 포털 사이트에서 내일 날씨를 검색하셔도 같은 정보가 나옵니다. 오히려 날씨가 좋지 않을 때에는 콜센터 연결이 더 빠를 수 있습니다."

당시의 나는 사투리를 잘 알아듣지 못해 민원인의 말을 두 번 세 번 되묻는 것이 일상이었다. 빠른 말투와 사뭇 다른 억양은 알아듣기 어려웠고 그런 나를 대부분의 민원인들은 답답해 했다. 한 번도 살아보지 못했던 다른 지역의 말투에 익숙해지는 데 거의 1년이 걸렸다. 그렇게 익숙해지고 나서는 민원 전화가 일상이 되었다. 131 콜센터가 있다고는 해도 직접 걸려오는 전화가 100% 사라지지는 않았기 때문이다. 시청, 구청 같은 유관 기관은 자주 전화를 받아 목소리가 익숙한 사람이 있을 정도였다. 이래저래 알게 된 기자분이나 기상 관련 업체가 전화 오는 경우도 많았다.

업무 분장에 '기상 상황에 관한 상담'이 있을 만큼 예보를 설명하는 업무는 예보관에게 중요한 부분이다. 하지만 직원에 따라서 전화 받는 업무를 유독 힘들어하는 사람들이 있다. 전화벨이 울릴 때 내선이 아니면 긴장부터 된다고 한다. 특히 업무 집중도가 높아야 하는 예보 시간에 전화가 오면 당장 해야 할 업무를 뒷전으로 하고 전화를 받아야 하니 답답하기도 하고 힘들기도 하다. 전화를 한번 끊으면 연이어 다른 전화가 오는데 그렇게 받은 전화가 하루에 몇십 건이 될 때도 있다. 특히 날씨가 나쁜 날에 오는 전화는 끔찍하다. 대체로 사람들은 화가 나 있거나 곤란한 상황에 처해 있고 전화 받는 사람들이 이 나쁜 날씨를 해결해 줄 것이라 생각하고 전화를 하는 일도 많다. 만약 기상 콜센터가 없었다면 얼마나 더 힘들었을지 상상도 되지 않는다.

전화를 하고 있을 때의 나는 예보관이라기보다는 상담사의 역할을 더 많이 한다. 컴퓨터나 휴대폰을 이용하고 있다면 어디를 어떻게 찾아 들어가면 되는지 알아봐 주고 메뉴 하나하나를 설명해 준다. 어떤 직원들은 내가 통화하는 방식이 어디서 전화 상담을 많이 해 본 솜씨라고 하기도 한다. 상담사 경력보다는 어떻게 전화를 받으면 가장 자연스럽게 정보를 전달할 수 있을지 연구한 결과에 가깝다. 그래서인지 소비자로서 고객센터에 전화를 할 때는 남일 같지가 않아 친절해진다. 전화를 끊을 때 가벼운 인사를 하는 것도 습관이 되었다.

다양한 사람들이 전화를 하고 다양한 방법으로 상담을 한다. 본의 아니게 콜센터 직원의 하루를 체험하는 일도 종종 있다. 주로 '악성 민원'으로 분류되는 성희롱이나 폭언, 욕설 같은 것들이다. 전문 콜센터가 아니다 보니 이에 대한 대응 방법이 명확하게 없는 데다 수신자를 보호할 수 있는 환경 또한 아니다. '국민신문고' 등의 국민 참여형 민원으로 매우 불만족 기록을 남기겠다거나 부서장이나 청장에게 직접 전화하겠다는, 낮은 급수의 직원으로서는 청천벽력 같은 이야기를 하는 사람 또한 많다. 한 통의 전화를 받고 나면 걱정과 울분에 휩싸이는 일도 있고 이상한 사람이 전화 왔다며 억울해하고 화내는 일도 있다. 다음 전화를 받을 때 손이 떨리기도 했다. 자주 겪는 일이 아니기에 없었던 것으로 치고 넘어가지만 이런 전화를 하루에 100여 통 가까이 받고 있을 콜센터의 직원들을 생각하면 마음이 좋지 않다.

그럼에도 예보관 혹은 날씨 상담사라는 나의 위치는 때론 많은 것을 깨닫게 해 준다. 예보를 전달하면서 업무에서 바꿔야 할 방식이나 미처 발견하지 못했던 미흡한 점을 지적당하면 부끄러움이 앞선다. 전화를 받다 보면 유독 사람들이 이해하지 못하는 방식으로 정보가 제공되고 있다는 것을 깨달을 때도 많았다. 기상청 사람들에게는 당연하다시피 한 것들이었지만 국민들이 보기에는 어려웠던 것들을 발견하면 또 한 번 반성하게 된다. 예보를 말하는 방식이나 단어의 쓰임 또한 그렇다. 전화하는 사람들이 일하는 분야나 연령에 따라서 원하는 정보가 다른 것이 확연히 느껴지기도 한다. 무엇보다 말하는 사람, 즉 예보관이 전화를 받을 때는 그 예보가 혹시 나중에 틀리더라도 그 순간만큼은 확신을 주어야 한다는 것을 깨닫곤 했다. 예보 낸 사람조차 신뢰하지 못하는 정보를 국민들이 신뢰할 것이라 생각하는 것은 어불성설이다. 가능성의 정보는 필요하지만 그 가능성도 전문적인 분석에 의해 나온 것이라는 뉘앙스는 꼭 필요하다. 그 순간만큼은 나 자신이 100점짜리, 100년 경력의 예보관이 된 것 같은 마음으로 최선을 다해 대한다.

부족함을 알기에 쉴 새 없이 공부하고 답답함을 알기에 국민 한 사람 한 사람에게 친절한 상담사가 되는 것. 예보에 대해 말할 때 초보 날씨 상담사인 내가 꼭 마음에 새겨두는 다짐이다.

기상학자와
기상예보관 사이

#기상학자 #기상예보관 #기상청 공무원 #최초의 기상예보

기상학자의 영문 이름은 미티어롤로지스트 Meteorologist이다. 기상예보관은 웨더 포캐스터 Weather Forecaster라고 한다. 두 직업을 표현하는 단어 중 익숙한 것은 단연 기상예보관이다. 영어로 포캐스트 Forecast라는 단어를 들어보지 않은 사람은 드물 것이다. 일기예보를 뜻하기도 하고 미래를 예측하는 일을 일컫기도 한 이 단어의 앞에 '날씨'라는 단어가 붙어 '기상예보관'이 된다. 비슷한 것 같으면서도 다른 두 직업은 서로를 갈라놓는 울타리를 사이에 두고 있다.

기상학은 인간의 삶에서 뗄 수 없는 분야이기 때문에 역사에도 많이 등장한다. 기원전 5세기에는 그리스의 히포크라테스 Hippocrates가 건강과 기상에 관한 여러 기록을 남겼다. 기원전 4세기에 아리스토텔레스 Aristoteles는 기상학 전문서인 『기상학 Meteorologica』에서 날씨와 기후에 대해 저술했다. 그 후에도 아시아, 유럽, 이집트 등 세계 곳곳에서 기상학과 관련된 기록이 많이 남아있는데, 이것은 기상학이 국가의 지도 아래에서 발전되어 왔기 때문이기도 하다.

백과사전에서 찾아본 '기상학'이라는 학문은 행성의 대기와 그 대기가 만드는 기상 현상에 대해서 연구하는 학문으로 정의되어 있다. 조금 더 넓게는 기상이 지표면에 미치는 영향도 기상학의 연구 대상이다. 최근에는 지구 외 행성의 대기에 관해서도 연구가 진행되고 있다. 처음에는 한서풍우^{寒暑風雨}가 중심 과제였지만 현재는 그 내용이 확대되어 날씨와 관계가 없는 것이라도 대기와 관계가 있는 것은 물리학이나 화학의 이론을 응용하여 추구하고 있다고 설명한다. 행성의 대기라는 개념부터 출발하였기 때문에 메테오^{Meteo, 천체}라는 거대한 개념의 학문 이름이 생긴 것이다.

그 속에서 기상학자는 다양한 공간과 시간 규모의 기상에 대해 연구한다. 그 속에는 우리가 평소에 느끼는 날씨부터 인간의 생명을 아득하게 뛰어넘는 단위의 시간 규모를 가진 대기의 순환과 흐름을 연구하기도 한다. 요즈음에는 '기상학'이라는 개념보다 '대기과학^{Atmospheric Science}'이라는 개념을 더 많이 사용한다. 하지만 이 글에서는 설명의 편의를 위해서 기상학이라는 용어로 통일해서 사용했다.

실제로 한국의 기상학을 연구하는 대학들은 대부분 기상학과가 아닌 대기환경과학과(강릉원주대학교, 부산대학교, 부경대학교는 환경대기과학과), 대기과학과(공주대학교, 연세대학교), 대기환경과학 전공(서울대학교) 등과 같이 대기와 환경을 아우르는 개념의 단어를 많이 사용한다. 대부분의 학과에서 대기의 움직임 자체만이 아니라 그로 인한 화학물질의 영향, 지표에 미치는 영향, 생명체에 미치는 영향을 함께 공부하고 있는 셈이다.

대기과학 안에는 종관 기상학, 중규모 기상학, 미기상학, 수문 기상학 등의 기상학 관련 과목과 대기오염과학, 대기 복사학, 대기화학, 기후학 같은 대기의 화학조성이나 물리적 과정에 대한 학문이 포함되어 있다. 대기과학은 많은 기상 요소에 대한 통계자료를 다루는 일이 잦기 때문에 통계학과 컴퓨터 언어를 이용한 자료 처리를 전문으로 하는 연구자(혹은 기업)들도 많다. 즉 오늘날의 대기과학은 기상학을 포함하여 대기에 관한 모든 영역을 넓게 공부하는 학문으로 발전된 것이다.

대기과학과에 가면 흔히 예보를 하는 방법을 배운다고 생각하는 사람들이 많다. 하지만 내가 대기과학을 전공하며 예보에 대한 실무적인 방법을 배운 적은 실습 과목 하나 정도였다. 학부 과정에서는 기상학의 다양한 분야를 접할 수 있도록 과목이 구성되어 있었지만 기상학 안에서 '예보법'이라는 부분이 그리 큰 분야는 아니다. 그를 위해서는 자신이 대기과학을 공부하면서 무엇을 알고 싶은가에 대해 생각해 볼 필요가 있다. 과거를 알고 싶다면 과거 기록을 분석해서 통계 연구를 하는 분야를 연구하면 된다. 현재의 대기를 알고 싶다면 대기 오염이나 분석을 위주로 하는 전공을, 미래를 알고 싶다면 예보와 기상, 미래 기후에 대한 공부를 하게 될 것이다. 우리가 살아가는 세상이기에 관심을 가지지 않을 수 없는 분야들이다.

약간 번외 같은 이야기지만 아직도 많은 사람들이 천문학과 기상학의 연관성을 많이 생각한다. 일부 학과는 '천문 대기학과'로 불리기도 한다. 고대 역사에서도 천문(태양과 달 그리고 별의 움직임과 그로 인한 영향을 연구하는 학문)과 기상(대기의 움직임을 읽고 예측하는 학문)을 같은 부서에서 담당하는 경우가 많았다. 두 학문은 하늘을 보아야 한다는 공통점, 손에 잡히지 않는 것을 보아야 한다는 공통점이 있다.

하지만 현재, 두 분야는 너무나 다른 방향의 길을 가고 있다. 태양이나 달의 영향으로 인한 일부 기상 현상과 우주 속 천체의 대기를 분석하는 우주기상 학문을 제외하면 두 학문은 별개의 학문이라고 보아야 한다. 실제로 천문 대기학과에서도 천문학 전공과 대기과학 전공으로 나뉘는 경우가 대부분이다. 천문기상학자라고 자신을 소개하는 학자를 아직 나는 본 적이 없다. 누군가 자신을 천문기상학자라고 소개한다면 그는 사기꾼이거나 범위가 너무나 다른 두 개의 학문을 동시에 연구할 수 있는 천재일 것이다. 고대의 아리스토텔레스나 중세의 레오나르도 다빈치는 엄청난 천재였다고 하니, 가능했을지도 모르겠다.

다시 기상학 이야기로 돌아와 보자. 그렇다면 대체 기상학자와 기상예보관 사이에는 어떤 차이가 있는 것일까? 둘의 공통점은 분명하다. 대기를 분석하는 방법과 그 학문, 즉 기상학을 연구해야 한다는 것이다. 기상학 지식은 필수이지만 기상예보관에게는 처음부터 넓고 깊은 지식을 요구하지는 않는다. 최근에 생산되는 기상청의 수치 모델은 대학 교육 정도를 받고 설명서를 주의 깊게 읽으면 누구나 이해할 수 있을 정도로 친절하고 자세하다. 다양한 예상 일기도를 보고 예보를 판단할 수도 있다. 정말 모르겠다면 지점별로 기온, 기상 현상, 바람과 구름의 양까지 알려주는 예보 가이던스도 있다. 이런 자료만으로 예보를 낸다면 자신의 지식과 경험은 부차적인 것이 되고 모델에서 생산된 객관적인 자료에 의존하여 예보를 내게 된다. 하지만 거기에서 한걸음 더 나아가 기상학의 기본 원리들과 현황, 최신 분석 동향 같은 것들을 알게 된다면 더욱 넓은 시야로 예보가 가능하다.

하지만 기상학자의 목표가 기상예보라고 하기에는 범위가 너무 좁다. 기상학 전공에 따라 아주 오래전 과거의 기상 현상들을 연구하는 학자도 있을 것이고, 한 가지 기상 현상이 일어나는 원인에 대해 분석하는 것을 목표로 삼은 학자도 있을 것이다. 기상학의 세부 분야가 다양한 만큼 '미래에 대한 예측'을 하는 것만을 기상학의 모든 것이라고 단정할 수는 없다. 기상학자가 무조건 기상예보를 잘 낼 것이라는 선입견 또한 위험하다.

취업난으로 인해 대학을 취업의 관문으로 생각하는 경향이 큰 대한민국에서는 유독 두 단어가 비슷하게 들리기도 한다. 많은 기상학 전공자들이 공군이나 기상 회사, 또는 기상청에서 기상예보관의 업무를 수행하고 있다. 어떤 사람들은 기상예보관을 하다가 본인의 업무 능력에 한계를 느끼고 공부를 해야겠다고 생각해 대학으로 돌아가 기상학자로 새로운 연구를 시작하기도 한다. 어떤 길을 선택하든 기상학자와 기상예보관, 둘 모두에게 하늘과 날씨는 소중한 존재다. 학계에서 현실에 적용하기에는 어려워 보이는 연구를 하고 있는 이들에게는 더 나은 학문을 만들 수 있게 해주는 바탕이다. 최전선에서 기상예보를 하는 사람에게는 말할 것도 없다.

기상예보관이 하나의 직업으로 자리 잡은 데에는 기상학적 지식뿐만 아니라 그 지식을 잘 가공해서 대중에게 전달할 수 있는 능력이 중요하게 작용했다. 기상 예측을 잘하는 어떤 기상학자가 전문용어를 남발하며 자신의 예측을 사람들에게 발표하면 그 용어를 알지 못하는 사람들에게는 쓸모없는 정보가 될 것이다. 심지어 기상예보 분야 중에서도 일부 분야는 대다수의 국민들에게는 그다지 유용하지 않다. 예를 들면 항공기상예보관이 발표하는 '난류'나 '급변풍'에 관한 예보는 관련 기관에서 일하는 사람이 아니라면 단어조차 생소하다. 바다를 가는 일이 거의 없는 사람들에게 해양기상예보의 유의파고나 해수온도는 필요 없는 정보이다. 같은 정보를 어떻게 가공하느냐가 필요성의 중요한 척도가 된다.

사람들에게 알려야 진정한 기상예보

기상예보관이라는 직업은 대체 언제부터 시작된 것일까? 우리의 역사를 살펴보면 과거에 관상감 등 국가기관에서 천문과 기상을 함께 연구한 사례가 있지만 이는 몇월 며칠의 정확한 기상 현상을 예보했다기보다는 기존의 기록을 바탕으로 기후를 전망한 것에 가까웠다. 현대적인 의미의 일기예보Weather Forecast가 일반인에게 공개된 것은 150년 정도밖에 되지 않았다. 지금처럼 뉴스나 라디오가 발달하기 전의 시대였으니 처음 발표된 예보는 신문지상이 처음이었다. 1861년 8월 1일, 영국의 일간지 〈The Times〉에 그전까지 발표되고 있던 정보는 전날의 날씨에 관한 정보Meteorological Report였는데, 그날부터 다음날의 예상 상황이 보도되기 시작했다. 군대나 해상에서 날씨를 예보하던 사람들은 있었겠지만 그것을 모든 이가 볼 수 있도록 신문지상에 표현한 것은 그때가 처음이었다. 예보를 개제한 사람은 로버트 피츠로이Robert FitzRoy 부제독이었다.

오늘날 발표하는 예보의 시초가 된 초기 기상예보는
로버츠 피츠로이 부제독의 손에서 탄생했다.
(출처: © Crown copyright 2015. Information provided by
the National Meteorological Library and Archive - Met Office, UK.)

사실 그는 기상학 전공자는 아니었다. 오랜 선장 경력으로 해상 날씨를 계속 살피다 보니 폭풍을 피하는 자신만의 노하우가 생겼고 이를 바탕으로 영국 전역에서 수집한 기상정보를 분석하고 예측해 다음날의 예보를 생산한 것이다. 피츠로이 이전에도 날씨가 중요한 여러 현장에서 비공식적으로 예측한 기상정보를 관계자들에게 전달한 사람들은 분명 있었을 것이다. 하지만 대중에게 '앞을 보는 사람'으로서 인식된 것은 그가 처음이었다. 현장 전문가가 기상학자들을 제치고 예보관으로 활동하게 된 것이다. 영국 기상청에서 해당 자료를 공개하고 있는데 예보가 발행된 첫날 사진에는 이런 구절이 나온다.

최초의 일기예보

(출처: © Crown copyright 2015. Information provided by
the National Meteorological Library and Archive - Met Office, UK.)

앞으로 2일 동안 예상되는 일반적인 날씨

북부-보통의 서풍류; 날씨 맑음

서부-보통의 남서 풍류; 날씨 맑음

남부-시원한 서풍류; 날씨 맑음

이 부분에서 '보통의Moderate'와 '시원한Fresh'이라는 표현이 나온다. 당시에 자주 쓰인 보퍼트 풍력계급Beaufort Wind Scale을 이용한 설명으로 보이는데, 'Moderate'는 5.5~8m/s로 현재 기상청 바람 계급의 '약간 강'(5~8m/s)에 속한다. 'Fresh'는 8.5~10.5m/s로 기상청 바람 계급 중 '강'(9~14m/s) 정도보다는 조금 약한 바람으로 분류된다. 이 부분은 측정자마다 약간의 의견 차가 있어 해석에 따라 'Moderate wind'를 '약한 바람'으로 해석하는 경우도 있다.

이 시대에 예보를 시작했다면 이렇게 간단한 정보로 마칠 수 있었다. 현재 기상청에서 제공되는 예보의 상세함과 다양성을 보고 있으면 이렇게 심플한 예보가 더 정확할 수 있음을 깨닫는다. 시간 범위라는 과녁이 크기 때문이다. 앞으로 이틀 동안 남부에 시원한 서풍류가 불기만 하면 된다니. 바람이 항상 일정하지 않으니 1분이든 10분이든 서풍이 불고 비가 오지 않으면 그 예보는 맞은 셈이 아닌가. 10분 단위로 갱신되는 초단기 예보부터 3시간 단위, 6시간 단위로 평가되는 여러 기상요소로 인해서 예보 정확도의 쓴맛을 본 사람이라면 이런 예보가 참 부러워 보인다.

대부분의 기상예보관들은 예보 정확도를 높이기 위해 노력한다. 하지만 그 누구도 내가 예보하는 지역의 예보를 100% 적중할 수 있을 거라고는 생각하지 않는다. 만약 예보를 백발백중으로 오차 없이 맞히는 사람이 있다면 예보관을 하는 것보다 주식을 하는 것이 나을 것이다. 대한민국이 관리하는 영역의 모든 장소에서 관측을 하고 그에 대해 분석을 마친 후 생산된 모델을 바탕으로 예측을 한다면 예보의 정확성은 높일 수 있을지도 모르나 시간에 맞추지는 못할 것이 분명하다. 예보관은 항상 시간에 쫓기고 있다. 완성된 예측 자료를 이용하는 그 순간에도 자료에 사용된 자료는 이미 과거의 것이기에 현실을 모두 반영하는 것은 불가능 하다.

그런 연유로 기상예보관들에게 오차란 항상 곁에 있는 웬수같은 존재이다. 발표하는 예보는 그렇게 나온 예측 정보 중에서도 가장 중요한 기상을 중심으로 발표한다. 발표하는 지역도 공간적으로 약간의 차이가 있으니 모든 예보를 다 적중시킨다면 그것은 신의 영역이라고 할 법하다. 기상학자는 분석과 예측이 잘못될 경우 본인의 연구에 대한 책임만 지면 되지만, 기상예보관은 그것을 모두와 공유해야 하기에 발표하는 정보에 대한 책임감이 크다. 하루하루가 아슬아슬한 외줄 타기를 하고 있는 기분이 들 때도 많다. 그래서 기상예보관들은 기상학자들의 연구에 항상 촉각을 곤두세우고 현업화 할 수 있는 정보가 있는지 탐색한다.

예보에 필요한 대부분의 기상 모델, 예보 개념, 분석 기법들은 기상학자가 없다면 발전시키기 힘든 영역이다. 그래서 두 직업의 사람들은 커다란 교집합을 가지고 끊임없이 교류한다. 기상학자들에게도 현장에서 직접 자신들이 연구한 학문을 적용시키고 바로바로 피드백을 주는 기상예보관은 훌륭한 조력자다. 서로에게 시너지 효과를 주면서 기상학이라는 학문의 발전과 더 나은 미래 예측을 위해 문자 그대로 불철주야 노력하는 사람들이기에 기상학자와 기상예보관은 참 다르면서도 비슷한 직업이다.

조금 더 재미있는 기상학 정보

* '기상'과 '기후'라는 용어는 1938년에 나온 『조선어사전』부터 기록이 시작되었다.

기상氣象: 공중에 일어나는 물리 변화의 현상. 청담·풍우·한서 등에 관한 공중의 현상.

기후氣候: 대기大氣의 변동. 산과 바다의 형세들을 따라 생기는 조습·청우·한서燥濕·晴雨·寒暑 등의 현상.

한서풍우寒暑風雨: 추위와 더위, 바람과 비를 아울러 이르는 말. 계절 차이가 심한 우리나라의 날씨를 표현할 때 자주 쓰인다.

종관 기상학: 중위도 지방의 날씨를 표현하기 위한 기상학적 원리를 연구하는 학문. 종관규모 기상학Synoptic meteorology의 줄임말이다.

중규모 기상학 Mesoscale meteorology: 중규모 대기 현상을 연구하는 학문. 주로 뇌우, 집중호우, 용오름처럼 일기도에 나타내기에는 작은 규모의 기상 현상이나 지형에 따른 변화에 대한 연구를 한다.

미기상학Microscale meteorology: 중규모 기상학보다 더 작은 범위의 기상학적 규모를 가진 현상들을 연구한다. 산림이나 도시, 하천 인근처럼 매우 작고 국지적인 규모를 가지며 시간적으로도 몇 분에서 더욱 작게는 몇 초 만에 일어나는 현상을 연구할 때도 있다.

수문 기상학 Hydrometeorology: 비, 구름, 눈, 우박과 같이 대기 중에 존재하는 수증기를 연구하는 학문이다. 물 순환과 깊게 연관되어 있기 때문에 해양학에 발을 걸치고 있기도 하다.

참고 자료

· 『바람의 자연사』(빌 스트리버, 김정은 역, 까치, 2018)

· 「기상예보의 역사와 오늘날의 일기예보」, (사이언스 타임스 과학칼럼, 최정우, 2017)

· <기상학의 정의>(두산백과사전)

📍 우리나라에서는 어떻게 기상 관측을 했을까?

100년 전 사람들이 하늘 보는 법

#기상역사 #근대기상 #기상 관측

대부분의 정보가 디지털화 된 오늘날에는 가끔 데이터베이스 서버가 버벅거리기라도 하면 수많은 기록들을 어떻게 처리해야 할지 아득해진다. 기상정보는 대부분의 정보가 영문자와 숫자로 이루어져 있다. 하루에 몇만 장이 나오는 일기도 또한 0과 1로 이루어진 컴퓨터의 작품이다. 컴퓨터가 없으면 할 수 없는 업무들이 많고 온라인에서 전국의 기상을 알 수 있으며 CCTV를 통해 실시간으로 영상 정보까지 본다. 위성과 레이더까지 이용한다. 가장 많은 양, 가장 넓은 범위의 정보를 기상청에서 수집하고 있는 것이다.

컴퓨터가 막 개발되던 시기의 영화인 〈히든 피겨스 Hiden Figures〉에는 주인공이 칠판에 길고 긴 수식을 쓰며 계산하는 장면이 나온다. 그 영화의 배경인 유인 로켓 발사를 준비하던 시기는 1950년대 중반이었다. 초기에 개발된 컴퓨터는 현재의 OMR 카드와 비슷한 모양을 가진 천공 카드에 수식을 이진법으로 입력하여 작동되는 방식부터 시작했다. 그런데 기상 관측 정보와 그를 바탕으로 한 일기예보는 그 이전에도 여러 국가에서 만들어지고 있었다. 지금과 달리 수요자도 제한적이고 국가 기밀로 취급되었기 때문에 접근하기도 배우기도 공개하기도 쉽지 않은 정보였다. 대체 그 시대의 사람들은 어떤 날씨를 보고 어떻게 기록했을까? 겨우 한 세기, 제대로 된 컴퓨터나 전자 기록 방법도 없이 100년 전의 사람들이 이용하던 관측 자료들 말이다.

우리나라는 18세기 말부터 주변국의 간섭을 받았다. 고래 등에 끼인 새우의 형상으로 러시아와 일본 사이에서 속절없이 그들에게 기상 정보를 가져갈 수 있는 권한을 내어주고 말았다. 심지어 일제강점기를 거치며 우리 민족의 기상예보와 관측은 일본에서 운영하던 방식을 이어받아 많은 부분 일본과 비슷하게 되었다. 하지만 타국의 영향을 받기 전부터 기상 관측을 현대화 하려는 움직임은 커지고 있었다.

현대적 의미의 기계식 기상 관측은 고종이 재위하던 시절, 조선 정부가 고용한 독일인 묄렌도르프 Mollendorff, P. G.가 1883년(고종 20) 6월에 원산 세관과 인천 세관에 관측소를 설치한 것이 시작이라고 볼 수 있다. 그 이후 일본은 1884년에 부산에서 관측을 시작했고 러시아는 1887년 경성의 러시아 공관 구내에서 기상 관측을 시작했다는 기록이 있다. 일본은 자신들이 관측한 정보를 가져가 독자적으로 기상예보를 내기도 했다.

세계적인 합의가 이루어진 지금은 크게 문제 될 것 없어 보이지만 국가 간 협약 안에는 상대국의 정보도 제공하는 동의가 되어 있다. 그러나 이 당시 그런 합의가 있을 리 없다. 결국 1904년 2월, 러일전쟁이 발발하자 3월부터 일본이 국내 곳곳에 관측소를 설치하기 시작했다. 지금은 근대문화유산으로 지정되어 있는 부산, 인천을 비롯하여 목포와 평안북도 용천부의 용암포, 함경남도 덕원부의 원산에 관측소를 설치했다. 또한 함경북도 성진부의 성진과 평안남도의 진남포에도 임시 관측소를 설치해 총 7곳에서 기상 관측을 했다. 부산, 목포, 인천을 제외하면 북한 지역의 관측소가 많은 것은 한반도를 통과해 중국과 러시아까지 뻗어나가겠다는 일본의 욕심이었을지도 모른다. 이 모든 관측소가 당시 일본의 중앙기상대 소속으로 일종의 해외파견 임시 업무였다고 한다.

이후 기상 관측은 러일전쟁이 끝난 3년 후인 1908년에서야 일본의 관할에서 대한제국 관할로 들어오게 된다. 그 이후로는 8개의 측후소와 20곳의 위탁 관측장이 생긴다. 일반적으로 한 시간에 한번 관측하는 지금과 달리 하루에 6번(02, 06, 10, 14, 18, 24시)만 관측하면 되었고, 위탁으로 운영되는 곳에서는 하루에 3회(06, 14, 22시) 관측을 실시했다. 날씨가 나빠지거나 특이한 현상이 생기면 기록하기도 했는데 기상 관측법이 있기는 했지만 관측 방법에 한계가 있다 보니 현재 이루어지고 있는 자동 관측만큼 정확하지는 않았다. 그러나 기온의 변화를 정량적으로 나타낼 수 있는 온도계와 공기 중의 수증기량을 파악할 수 있는 습구 온도계, 구름의 모양과 바람의 방향을 모은 정보로도 가장 앞선 형태의 일기도가 만들어질 수 있도록 했다.

일반적으로 유치원 교육과정에서 가장 먼저 배우는 날씨는 바로 구름과 비이다. 유치원생들은 구름의 모양을 보는 법, 기온의 차가움과 따스함, 비가 내리는 모습, 바람의 세기에 대해 간단하게 배운다. 1910년대의 관측은 이와 비슷했다. 기상의 전체적인 모습을 설명한 기후개황氣候槪況, 기온, 강수량, 바람과 구름, 일조시간, 각종 기상 현상 관측 같은 것이었다. 별도의 장비가 필요하고 비교적 섬세한 관측이 요구되는 기압은 관측소와 측후소에서만 관측했다. 초등학교에 들어가면 과학책에서 종종 만나게 되는 백엽상 안에 각종 장비들이 설치되어 있었고 기상 현상과 구름은 사람이 직접 관측해 기록했다. 전신이 발달함에 따라 신호를 통해 다른 지역이나 나라에 기상 정보를 송신하기도 했다. 특히 일제강점기였던 1910년부터는 모든 정보가 일본의 중앙기상대로 송신되어 기상 자료를 만드는데 이용되었다. 1933년에는 경성(서울) 측후소가 지금의 자리인 송월동으로 이전하게 되면서 서울의 중심에서 날씨를 기록하는 역할을 하게 된다.

1937년경에 발행된 『간이 기상 관측법』이라는 책에는 100년 전 사람들이 어떻게 하늘을 보고 있었는지 알 수 있는 자료들이 잔뜩 나온다. 서울 관측소,

옛 기상청 자리인 국립 기상 박물관에도 보존되어 있는 이 자료에 담긴 내용은 사실 지금과 많이 다르지 않다. 당시에도 국제기상기구 International Meteorological Organization: IMO(WMO(세계기상기구)의 전신)가 제정한 기상 관측법이 있었고 이 관측법은 기술의 발전에 따라 많은 부분이 자동화되었지만 현재와 비슷한 부분도 존재하기 때문이다.

당시의 관측은 모두 수동이었다. 강수량은 비를 통에 받아 이를 실린더에 넣는 방법으로 측정했다. 무려 1999년까지도 시행했던 방법이다. 구름을 기록하기 위한 약자는 당시에도 비슷했다. 적운은 Cu, 권운은 Ci로 표현했다. 지금은 자동으로 측정하는 최저온도, 최고온도, 습구 온도, 일반 온도계까지 모두 사람의 눈으로 보고 기록해야 했다. 『간이 기상 관측법』에는 초보자도 약간의 실습만 거치면 관측을 수행할 수 있도록 관측법이 자세하게 설명되어 있다. 온도계를 눈으로 관측할 때는 눈금과 눈을 평행하게 두어야 하고, 최저 온도계와 최고 온도계는 하루에 한 번씩 내부 막대를 흔들어 초기화해야 한다. 백엽상 주변을 깨끗하게 청소해야 하는 이유도 적혀 있다. 자동화가 되기 전 과도기에 관측 업무를 한 관측자라면 이런 이야기들을 지침에서 한 번쯤은 읽었기에 의외로 익숙하게 느껴질 것이다.

숫자와 영문 약자, 각종 관측법을 배워야 했으며 영어와 한글, 한문까지 알아야 했던 기상 관측자는 고학력을 요하는 직업이었을 것이다. 하루에 최소 24번 관측하는 지금의 관측자 입장에서 그 당시의 관측 업무는 '꿀보직'이기도 하면서 생고생하는 일이기도 하다. 비가 오면 비를 맞으며 일일이 밖에 나가서 관측을 해야 하고 눈은 눈대로 관측해야 했기 때문이다. 바람 부는 날에 풍향계나 풍속계가 고장 나는 상상이라도 하면 오싹하다. 오늘날에 천둥번개가 치면 안전한 건물 안에서 유리창 밖을 보면서 관측할 수 있는데 당시에는 정해진 시간에 비를 맞으면서도 밖으로 나가야 했을 것이다. 그렇게 비가 오면 그들도 대충 적지는 않았을까 하는 상상을 해 본다.

지금은 초등학교 때부터 이루어진 지속적인 교육으로 대부분의 사람들이 간단한 기상 요소는 해석할 수 있는 시대가 되었다. 휴대폰만 열어도 온도와 습도, 바람의 세기가 나오고 위성 자료와 레이더 자료를 보고 구름을 볼 수 있다. 과학 서적을 쉽게 접할 수 있고 기초 기상학에 관련된 책들은 그림이 많아 유치원 아이들부터 성인들까지 두루두루 즐길 수 있는 지식이 되었다. 100년 전에 기상 현상을 기록하던 사람들은 현대에 와 보면 눈이 휘둥그레질 정도로 놀랄지도 모른다. 혹은 생각보다 바뀐 것이 많지 않아 실망할지도 모르겠다. 지금의 내가 100년 전의 기상 기록을 보아도 이해할 수 있는 정도이기 때문이다. 기상 기록의 형태가 변화한 것보다 한글 사용법이 더 많이 변해서 어렵다고 하면 기상과학을 전공한 사람의 착각일까? 언젠가 100년 전의 관측자와 이야기할 수 있는 기회가 온다면 좋겠다. 먼 옛날의 선배들은 어떤 이야기를 해 주실지 궁금하다. 지금처럼 눈이 오면 투덜대면서 밖으로 나갔을지, 증발량계 앞에서 고양이나 까치들을 만나지는 않았는지. 그때의 하늘은 지금보다 더 파랗고 깨끗했는지도.

조금 더 재미있는 기상학 정보

일기도 日氣圖, weather chart/map: 기상 변화에 중요한 변수로 작용하는 요소인 기온, 기압, 풍속과 풍향 등을 한 장의 지도에 표현한 자료이다. 대기의 구조를 이해하는 데 필수적이며 현재의 기상 상태를 바탕으로 만들기 때문에 다가올 날씨를 예측하는데도 꼭 필요하다. 우리나라에서는 보통 동아시아 지역을 기준으로 일기도를 그린다. 지상 자료의 경우에는 세계 각국의 관측소에서 관측한 자료를 기준으로 기압이 비슷한 곳을 연결하여 선을 그린다. 고층으로 올라가면 같은 기압면에서 관측한 자료의 높이(지오포텐셜 미터, gpm)의 변화에 따라 일기도를 그린다. 기상청 날씨누리에서 다양한 일기도를 제공하고 있으니 기상학에 관심 있는 사람이라면 한반도 주위의 기압계가 어떠한지 살펴보는 것도 좋은 경험이 될 것이다.

기후개황 氣候槪況: 현재는 잘 쓰지 않는 용어로 기상청에서 날씨의 상황을 표현할 때는 '기상 개황'이라는 용어를 사용한다. 과거에는 '기후 개황'이라는 용어로 현재 날씨 상황을 표현했다. 현재는 '기후'가 오랜 기간 동안 평균적인 날씨를 뜻하기 때문에 바꾸어 사용한다. 개황槪況은 사건의 상황을 의미하는 단어이다.

관측소 觀測所: 관측소는 여러 가지 자연현상을 보고 기록하는 것을 주 업무로 하는 곳이다. 기상 관측소도 다양한 관측소의 한 종류라고 할 수 있다. 대표적인 관측소로는 천문관측소, 기상관측소, 해양관측소, 화산관측소, 지진관측소 등이 있다.

측후소 測候所: 측후소라는 명칭은 관측소보다 큰 개념으로 사용되다가 관측소로 점차 통일된 기관 용어이다. 부산과 인천 등 주요 도시에는 측후소로 시작해 관측소가 되었다가 기상대, 기상청으로 커진 기관이 많다. 측후소와 관측소로 나뉘어 있었을 때 관측소는 기본적인 관측만 1일 3회 정도(시기마다 횟수는 바뀐다) 하는 곳이었고, 측후소는 기상 관측을 조금 더 많이 실시하며, 관측한 자료를 모아 중앙기관으로 보내는 역할을 했다고 한다.

백엽상 百葉箱, instrument shelter: 학교나 중요 기관에 하얗게 칠해진 나무 상자가 서 있는 것을 본 적이 있는 사람이라면 백엽상을 쉽게 떠올릴 수 있다. 새집인 것 같기도 하고 서랍장 같기도 한 백엽상 안에는 최고·최저 온도계와 자기온도계, 습도계가 설치되어 있다. 현재 온도를 재기 위한 일반적인 온도계도 설치되어 있다. 많은 사람들이 하얗기 때문에 백엽상이라고 생각하기도 하지만 사실 백엽상은 통풍을 위해 설치한 여러 개의 흰 나무 살이 마치 잎을 닮았다고 해서 백엽百葉이라는 이름이 붙었다. 백엽상은 그 모양도 표준화 되어 정해져 있는데 잔디나 풀밭 위에서 약 1.5m, 사람의 눈높이만큼 올라온 위치에 설치된다. 문은 북쪽을 향하게 설치하고 내·외부는 백색의 페인트를 칠하며 약 60도 각도로 햇볕이 직접 닿지 않게 창살을 설치한다. 온도와 습도는 매우 중요한 요소이므로, 백엽상은 기상 관측의 가장 기본적인 설치 장비로 여겨졌다. 과거에는 사람이 정시마다 나가서 온도와 습도를 수동으로 관측했지만, 관측이 자동화된 오늘날에는 신규 기관에 백엽상이 없는 경우도 많다. 마찬가지로 여러 기관들에 설치되었던 백엽상들도 그 기능을 잃게 된 곳이 대부분이다.

참고 자료

· 『근대기상 100년사』(기상청, 2004)

· 국립기상박물관 https://science.kma.go.kr/museum

· <최초의 근대적 기상 관측, 인천 측후소>(제물포 구락부 스토리 아카이브)

· 기상역사를 찾아 떠나요-서울기상 관측소(기상청 블로그)

· 국가기록원 일제시기 건축도면 컬렉션(전국 측후소와 관측소 평면도, 배치도 자료 참고)

조선시대가 아니라 다행이야

#기상역사 #조선왕조실록 #관상감 #서운관

많은 나라가 그렇듯 한반도의 기상청도 오랜 역사를 지니고 있다. 하늘을 보는 것이 미래를 점치는 일과 같은 의미로 이야기될 때가 있었다. 시대마다 부르는 이름은 달랐지만 여러 기록에는 특이했던 기상 현상이나 가뭄 혹은 장마로 인해 농사를 망쳤다는 이야기 등이 종종 나온다. 한반도를 지배했던 국가들은 대체로 농업을 국가의 기반 사업으로 삼으며 살아왔고 날씨는 그 해가 풍년인지 흉년인지를 결정하는 가장 큰 요소였다. 각종 농사 관련 책을 집필한 옛 학자들은 계절 변화에 따른 농사의 대처법을 적어놓고는 했다. 그 대처법은 지금까지도 속담이나 격언처럼 전해지고 있다.

그래서인지 시시각각 발전하는 학문인 기상학을 공부하고 있으면 옛 기록이 궁금해진다. 의문점이 들 때 찾아볼 수 있는 기록이 있기 때문이다. 고서에도 여러 기록이 있지만 조선시대는 특별하다. 다른 나라에 비해 조선시대의 기록은 비교적 상세하게 분석되고 있다. 비교적 최근까지 존재했던 국가여서 기록이 많이 남아있기도 하고, 체계적이고 탄탄한 기록을 남긴 조선왕조실록이라는 존재 덕분이기도 하다. 500년 역사가 가득 담긴 그 기록지에는 당연히 기상에 대한 기록도 잔뜩 남아있다.

　기상청에서는 조선왕조실록을 분석하고 분류한 자료를 제공한다. 실록 내용 중 초반에 해당하는 조선 전기의 자료다. 태조부터 시작해 과학이 발전했던 세종을 지나 성종에 이르기까지의 기록이 공개되어 있는데 그것들은 기상, 기후, 지변, 재해, 천문, 재이 상서로 구분되어 있다. 지변 부분에는 지진이나 산사태 등 땅에서 일어나는 일이나 드물게는 지하수에 관련된 변고도 기록되었다. 실록에는 기상으로 일어난 홍수뿐만 아니라 곤충으로 인한 재해나 전염병, 기근 같은 재해들도 포함된다. 재이 상서는 그런 재해들에 어떻게 대처했는지를 기록해 놓은 것이다. 대부분이 기상에 관한 내용이기는 하지만 재해에 관련된 내용은 기상으로 인한 재해 기록이라고 칭하기에는 범위가 넓다.

　천재지변이라는 말이 널리 쓰일 만큼 조선 사람들에게 재해는 두려운 것이었다. 일반 사람들로서는 쉬이 예측할 수도 없고 전문가들조차 알기 힘든 미래를 점치는 일이라 실록에 기록된 여러 재해와 그 대처 방법들은 후대 왕들에게 많은 도움이 되었을 것이다. 세기를 건너뛰어 현재 일어난 기상 현상을 과거에 어떻게 기록하였는지 볼 수 있는 사료의 역할이 가장 크다. 또한 주기가 긴 각종 천문현상의 기록도 작성되어 있어, 학자들의 연구에도 많은 도움을 주었다.

　실록에는 기상과 천문 분야에 대한 보고가 꽤 상세하였던 것으로 보이지만 기상 현상에 대한 연구만을 별도로 담당하는 부서는 따로 없었다. 일반적으로 '천문'을 담당하는 관리들이 함께 기록했다. 특히 급변하는 기상이나 조짐은 밤낮없이 조정에 보고하고, 일반적인 현상들은 서면으로 보고 한 기록이 남아있다. 대부분은 별의 이동과 같은 천문현상에 가까웠지만 해와 달이 흐려지는 햇무리, 달무리 현상이나 무지개와 같은 상서로운 현상, 일반적인 기상 현상인 눈이나 비, 황사, 안개, 서리에 관한 현상도 빠짐없이 기록되어 있었다. 아이들이 일기를 쓸 때 '맑음', '비'와 같은 일반적인 현상은 간단하게 쓰고 '태풍, '우박' 같은 특이기상 현상은 조금 더 자세하게 쓰듯이 실록도 비슷하게 적혀있는 것이다.

조선시대 전반기는 과학의 기틀을 잡던 시기이기도 했다. 비와 눈, 우박 같은 강수 현상에 대한 기록은 1,600건 정도 기록되어 있다. 특히 비에 대한 기록이 1,100건이 넘을 정도로 굉장히 많은데 이 기록은 전체 기상 관련 기록의 10%가 조금 안 되는 양이다. 더불어 비 현상은 세종 때 만들어진 측우기로 강수량 기록을 연간 실시하기도 하였고, 그 덕분인지 강수량에 따른 비의 분류가 비교적 자세했다. 조선시대의 강수량 기록인 『풍운기風雲記』에는 미우微雨, 세우細雨, 소우小雨, 하우下雨, 쇄우灑雨, 추우驟雨, 대우大雨, 폭우暴雨 등으로 비의 종류를 나눈다. 그에 비해 바람 관측은 현상이나 방향에 대해 짤막하게 설명하지만 측우기처럼 측정한 증거가 남아있는 경우는 1700년대가 되어야 뚜렷하게 등장한다.

기상 현상은 때로 왕의 능력을 신격화하는 데에 사용했기 때문에 가뭄이 심하다가 비가 오는 경우에는 '왕이 민생을 살피니 하늘이 그에 감복하여 저녁 즈음 비가 내렸다' 하는 기록도 심심찮게 나온다. 조선 초기를 다룬 영화나 소설을 보면 흰 옷을 입고 제단에서 기우제를 지내는 왕의 모습도 볼 수 있다.

그에 비해 농한기인 겨울에 소복소복 내리는 눈은 기록이 많지 않다. 대부분은 눈이 온다는 정도로 기록되어 있다. 마을이 파묻힐 정도의 폭설이나 농작물에 피해를 입혔던 우박에 대한 기록은 있어도 전체 기록에서 차지하는 양은 적다. 천문 현상의 경우에는 어떨까? 전국의 모든 기상을 실시간으로 알 수 없었던 때에 전국에서 동시에 볼 수 있는 현상은 일식과 월식, 그리고 별의 흐름 정도가 다였을 것이다. 이런 현상들은 백성들의 불안감을 높이기 마련이었고 이 때문에 조선시대 기상청의 큰 역할 중 하나가 바로 천문에 관해 알려주는 것이었다.

기상청(시대에 따라 명칭이 조금씩 변했으므로 서운관과 관상감, 사력서 등을 모두 기상청으로 통일하여 쓰려고 한다)은 당시 예조禮曹에 속해 있었다고 한다. 지금으로 생각하면 문화체육관광부나 보건복지부, 외교부와 교육부의 역할을 모두 하고 있는 부서에 들어있는 셈이다. 과학이나 건설에 관련된 부서가 공조이니 그곳에 속해야 하는 것 같기도 한데 예조에 속한 이유는 당시 기상청의 중요한 역할 중 하나가 '길일'을 정하는 것이었기 때문이다. 현대에도 결혼이나 이사와 같은 큰 행사는 길일을 따져보는데 과학적 근거보다 미신의 힘이 강했던 그 당시는 말할 것도 없다. 각종 행사가 기상청장이 원하는 날짜에 진행된다는 것은 관리들 중 입김이 셌다는 뜻일 것이다. 심지어 당시의 기상청장이라고 부를 수 있는 직책은 영서운관사領書雲觀事로 영의정이 그 장을 대신하고 있었다고 하니 중요한 기관으로 여긴 것은 분명하다. 하지만 이 모든 것은 날씨와 천문현상을 잘 예측했을 때의 이야기이다.

먼 옛날의 기상 관측 선배들이 했을 일을 생각하면 아득하다. 조선시대의 법전에 나타난 관리의 형벌도 현대의 사람들이 보기에는 가혹했다. 비가 온다고 했는데 비가 오지 않으면 기상청의 옛 이름인 서운관書雲觀(구름을 관측하고 기록하는 부서라는 뜻)과 관상감觀象監(기상을 관찰하고 감독하는 부서라는 뜻, 세조(1466) 때 명칭이 개선되었다)의 직원들은 벌벌 떨어야 했다. 실록의 기록만 해도 치죄했다, 태형을 내렸다, 유배를 보냈다는 내용이 꽤 많이 나온다. 개중에는 '이 죄는 매우 크지만 왕이 자비를 베풀어 죄를 묻지 않았다' 하는 기록도 나오기는 한다. 그런데 꽤 많은 기록에서 자비를 베푼 임금에게 다른 관리들이 '어찌하여 그러십니까?'라는 반응을 보인다. 특히 승정원의 관리들이 아뢰었다는 내용이 많다. 이런 일이 몇 번 있고 나면 마흔 명이 채 되지 않는 당시 기상청의 사람들 어깨가 얼마나 내려갔을지 눈에 선하다.

지금의 기상청은 국민들에게 대부분의 정보를 공개하고 있다. 과거처럼 왕실에서 독점하여 분석하는 것이 아닌 학자들과 실무자들이 함께 예측법을 쉴 새 없이 개발한다. 이제 오보가 나면 조선 왕들이 내리는 벌을 걱정할 필요는 없지만 언론과 댓글의, 몇 천만 국민으로부터의 질타를 받는다. 기상청장 또한 국민들에게 고개를 숙이는 일로 예측이 제대로 되지 않았던 것에 대한 사과를 한다. 기상 악화가 많은 해에 기상청장이 바뀌는 것도 그리 드문 일이 아니다. 조선시대와 많이 달라졌다고 생각하다가도 어떤 때에는 궁극적으로 기상청이 하고 있는 일이 달라지지 않았다는 생각이 들기도 한다.

어쩌면 500년 뒤의 기상청 후배들도 이렇게 생각할지 모른다. 아니, 겨우 800 테라바이트짜리 용량을 가진 슈퍼컴퓨터로 모델을 돌렸단 말이야? 모델 격자는 5×5km였다고? 대체 이걸로 예보가 된다고? 그런데도 동네별로 예보를 한다고? 거참, 이건 거의 예보를 한 게 아니라 상상을 쓴 거잖아? 라고 말이다. 마치 지금의 우리가 별과 기상의 흐름이 연관이 없다는 것을 알지만 당시의 사람들은 몰랐던 것과 같이, 자연의 흐름을 해석하는 일은 시간이 지나면 어떤 발전이 있을지 모른다. 지금의 우리는 상상도 못한 방법으로 불가능하다고 생각했던 정확도 100%의 예보를 이루어 낼 수도 있다. 현대의 사람들이 남긴 기록이 언젠가 미래의 사람들에게도 도움이 되리라는 마음으로 오늘도 날씨를 예보하고 관측한다.

참고 자료

· 『근대기상 100년사』(기상청, 2004)

· 기상 자료 개방 포털 https://data.kma.go.kr

· 한국의 지식콘텐츠 https://www.krpia.co.kr

· 한국민족문화 대백과사전 https://encykorea.aks.ac.kr

안녕, 천리안

예보관들이 가장 선호하는 실황 자료는 무엇일까? 다양한 자료가 있겠지만 인지하기 쉬운 자료 중 하나가 바로 위성 영상이다. 위성 영상은 대기과학을 배우는 사람이라면 누구나 들여다보는 영상 중 하나다. 기상위성에서 찍은 사진을 바로 볼 수 있다 보니 구름의 모양과 지구의 형태를 찍을 수 있기도 하다. 우주 공간에서 궤도를 돌면서 사람들에게 필요한 자료를 제공한다는 사실에 대해 종종 잊어버릴 때도 잊지만 위성은 여러모로 깊은 깨달음을 준다. 2020년이 바로 그런 해였다. 그때의 이야기를 하려면 세월을 조금 거슬러 10년 전으로 올라가야 한다. 바로 천리안 1호 위성Communication, Ocean and Meteorological Satellite(COMS)을 쏘아 올린 해이기 때문이다.

2010년 6월 27일, 기상청에는 기념비적인 일이 일어났다. 여태까지 외국 기상위성의 자료를 받아서 쓸 수밖에 없다가 국내 위성으로 자료를 생산할 수 있게 된 것이다. 천리안 1호 위성은 7월부터 푸르른 지구의 사진을 보내기 시작하고 10여 년간 예보관들의 눈이 되어주었다. 당시 나는 대학을 다니며 그 소식을 들었고, 더 나은 기상위성 자료를 받을 수 있다는 기대감도 컸다. 천리안 天里眼 또는 天利安이라는 이름 그대로 이 한국의 위성은 우리나라에 이로움과 안전함을 가져다주는데 혁혁한 공을 세우기도 했다.

천리안 1호 위성의 전지구 사진(출처: 기상청)

천리안 위성으로 인해 한국은 세계최초 정지궤도 해양관측위성 보유국이자 세계 7번째 기상 관측위성 보유국이 되었다. 수없이 실패할 것이라는 경고를 들었음에도, 쉽지 않은 도전이었음에도 이루어낸 쾌거였다. 외국의 도움을 받기는 했지만 앞으로 우리나라에서도 위성을 제작할 수 있다는 확신이 생겼다.

천리안 1호 위성을 쏘기 위해 프로젝트를 시작한 것은 2003년부터였다고 한다. 국가 우주개발 중장기 계획에 따라 기상청뿐만 아니라 당시 교육과학기술부, 국토해양부, 방송통신위원회와 같은 다양한 기관들이 참여해 어떤 센서를 탑재할지, 어떻게 만들지를 논의하기 시작했다. 그 선두에 선 것이 한국항공우주연구원이다. 특히 천리안 1호 위성은 기상, 해양, 통신 업무를 모두 수행할 수 있는 위성이었다. 무려 7년이라는 세월을 투자해 개발한 위성은 6월 27일, 남미 프랑스령 기아나 꾸르 우주센터에서 발사됐다. 당시에는 한국에서 로켓을 발사할 수 있는 기술력이 조금 모자라기도 하였고, 개발을 하게 되면 발사까지 시간이 오래 걸릴 것이 분명했다. 다행히 발사는 무사히 완료되었다.

왜 세계 여러 나라들은 그토록 독자적인 위성을 쏘고 싶어 하는 것일까? 기상학적 관점에서 그 이유는 분명하다. 빌려 쓰는 카메라보다는 내 카메라로 자유롭게 사진을 찍을 수 있기 때문이다. 기상 위성을 보유한 국가는 인도, 미국, 유럽, 일본, 한국, 중국, 러시아로 총 7개 국이다. 일본과 우리나라의 위도 차이가 크지 않기에 기존에는 일본의 위성이 보내주는 영상을 이용해서 예보를 지원하고는 했다. 보통 그 간격이 30분이다. 30분이라면 집중호우가 내려 홍수가 나기에 충분한 시간이다. 거기다 일본에서 자체 점검 스케줄이 있으면 우리나라는 수신되지 않는 자료를 기다리며 한숨 쉴 수밖에 없었다. 관측 영역도 마음대로 설정할 수 없고, 제공되는 자료를 보아야 했다. 예보관들은 항상 답답해했다. 조금만 더 서쪽으로 볼 수 있다면 경로를 더 잘 알 수 있을 것 같은데. 태풍도 조금 더 자세히 보고 싶고, 관측 자료도 기왕이면 30분이 아니라 10분, 아니 15분 간격이라도 나오면 좋겠는데. 하는 열망을 누구나 가지고 있었다.

천리안 1호 위성은 한국의 예보관들에게는 눈 이상의 존재였다. 천리안 1호 위성의 활동은 2010년 7월 12일부터였고, 정규 서비스는 2011년 4월 1일부터였다. 무려 9년. 자신의 성능보다 더 힘을 내서 일해준 천리안 위성의 기상 관측 임무가 종료될 때, 마음이 시원섭섭하지 않았던 사람은 없었을 것이다. 위성이 활발하게 이용되고 있던 시기에 기상청에 입사했던 나도 마찬가지였다. 많은 예보관들이 천리안 1호 위성으로 늘 기상위성 자료를 즐겨 보고, 네모난 사진에 찍힌 한반도를 수도 없이 보고 또 봤다. 중요 기상을 실시간으로 알려주면서 위험기상이 있을 때마다 금방 알아챌 수 있도록 도와주었던 첫 위성이었다.

2020년 4월 1일 오전 8시 59분. 천리안 1호 위성의 은퇴식이 있었다. 이미 2019년부터 천리안 1호의 기상 전공 후배, 천리안 2A호가 활동을 본격적으로 시작했음에도 천리안 1호 위성은 기상 사진을 열심히 보내주고 있었다. 안정적으로 천리안 2A호의 자료를 받게된 후, 그 업무를 마무리 하게 된 것이다. 세계시로는 2020년 3월 31일이 천리안 1호가 공식적으로 업무를 종료하는 날이었다. 천리안 1호의 근무일은 3,288일이라고 했다. 휴가 한번 없이 하루 24시간, 외로운 우주에서 홀로 지구를 바라보며 극한의 노동환경을 겪으며 쉼 없이 일한 것이다. 우주 공간에서는 정비도 쉽지 않았다.

그렇게 일해 온 천리안 1호 위성의 운영 성공률은 98.1%였다. 운영 성공률은 인공위성과 지상시스템을 최적 상태로 유지·관리·운영을 통해 달성할 수 있어, 위성운영 기술을 평가하는 지표로 사용되고 있다. 대표적인 선진국 기상위성인 메테오셋Meteosat의 운영 성공률은 매년 99%를 넘는다. 천리안 1호와 비교하면 1%가량 높은 수치이지만 첫 위성이라는 것을 감안한다면 훌륭한 성과였다. 천리안 1호의 운영 경험은 천리안 2A호를 운영하는 데에도 커다란 밑거름이 되었다.

천리안 1호가 기상 임무에서 은퇴한다고 해서 아예 정지하는 것은 아니었다. 그 후로도 1년간 통신과 해양 임무를 끊임없이 수행해 왔다. 그것도 잠시, 2021년 3월 31일 한국 시간으로 오후 5시, 천리안 1호의 해양과 통신 전공 후배인 천리안 2B호의 운영에 따라 천리안 1호는 드디어 후배들에게 모든 임무를 인수인계하고 정식으로 은퇴하게 되었다. 2010년부터 2021년까지 자신의 능력을 뛰어넘은 활약이었다. 이제 대한민국은 천리안 2호 시리즈를 넘어, 천리안 3호를 향해 달려가고 있다. 2027년에 발사 예정이라고 하니 그때는 또 어떤 멋진 위성이 나올지 기대해 봐도 좋을 것 같다.

천리안 1호 위성과는 이대로 이별이라 생각하면 아쉬운 마음도 크다. 인공위성을 만들기 위해 노력했던 많은 마음들이 담겨있어 회수를 하고 싶다는 욕심이 생겨도 불가능에 가깝기 때문이다. 사실 용도를 다한 인공위성의 말로는 초라하다. 땅으로 떨어지게 만들어 불태우거나 일명 '폐기 궤도'라고 불리는 장소로 자리를 옮긴다. 인공위성 운영 궤도보다 200~300km 더 높은 폐기 궤도는 위성의 무덤이라고도 불린다. 이렇듯 인공위성은 우주에 남으면 우주 쓰레기가 되고, 대기권에 재돌입하게 되면 불타서 재사용하기 어려운데다 20% 정도는 지면에 떨어져 자칫 사고를 일으킬 위험도 있다. 2021년 5월 초에 중국 로켓의 잔해가 대기권을 통과하며 불타고 남아 떨어진 것처럼 운영이 끝난 위성을 기존 궤도에 그대로 두면 다른 위성과 부딪혀 사고가 날 위험도 있으니 천리안 1호 또한 폐기 궤도로 진로를 바꿀 가능성이 높다.

그래서 많은 예술가들이 인공위성에 대한 이야기를 하게 되나보다. 인디 밴드 지미스트레인Jimmy Strain의 곡 <인공위성>은 궤도를 잃은 인공위성을 소재로 한 노래다. 러시아의 첫 인공위성이었던 '스푸트니크Sputnik'에서 영감을 받은 노래나 소설도 많다. 어두운 우주에서 빛을 내는 별들을 보면서 떠나왔던 고향으로 가지 못하는 슬픔이 사람들과 닮은 것도 같다. 조금 늦기는 했지만 궤도를 돌면서 은퇴 생활을 즐기기를, 언젠가 위성을 회수할 수 있는 효율적인 기술이 개발되어 다시 만날 날을 기원해 본다.

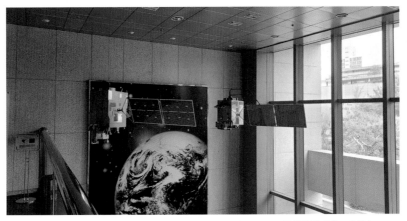

기상청에 있는 천리안 선후배. 왼쪽의 툭 튀어나온 탑재체가 있는 것이
천리안 2A호이고, 오른쪽이 천리안 1호이다.

조금 더 재미있는 기상학 정보

정지궤도 기상위성: 요약하자면 항상 같은 주기를 가지고 지구 주위를 돌며 지구의 한 면만을 찍을 수 있는 위성이다. 궤도는 적도 상공 약 36,000km 상공이며 위성의 공전주기와 지구의 자전주기가 같다. 천리안 위성들은 우리나라 주변을 관측하는 것이 목표이므로 정지궤도 기상위성으로서 역할을 하고 있다. 하지만 단점이 있다. 항상 지구상에서 동일한 위치에 있다 보니 태양을 등지고 지구를 바라보거나 지구를 사이에 두고 태양을 볼 때는 일식이나 월식이 일어나는 것처럼 관측을 할 수 없는 상태가 될 때가 있다. 방법은 시간이 지나기를 기다리는 것뿐이다. 정지궤도 기상위성의 관측 센서가 사진을 찍는 방법은 보통 큰 사진 한 장을 찍고 작은 사진 여러 장을 다시 찍는 것이다. 현재 천리안 2A호가 한반도 일부분을 찍고 사진을 제공하는 간격은 약 2분 정도이다. 정지궤도 기상위성 외에도 기상위성의 종류에는 극궤도를 도는 기상위성과 지구 전체를 관측하는 용도의 기구관측위성도 있다. 극궤도위성은 보다 낮은 고도에서 남극과 북극을 가로질러 공전하며 지구를 1회 공전하는데 100분 정도가 소요되며 하루 동안 관측하는 위치가 계속 달라진다. 따라서 정지궤도기상위성처럼 정기적인 통신 업무나 기상관측 업무를 수행하기는 힘들다.

참고 자료

· 국가기상위성센터 https://nmsc.kma.go.kr/

· 해양위성센터 http://www.khoa.go.kr/

· 한국항공우주연구원 https://www.kari.re.kr/

날씨를 알고 싶은 사람들이 가장 먼저 하는 일이 뭘까?

1. 뉴스나 라디오를 튼다.
2. "시리야(또는 빅스비, 오케이 구글 또는 헤이 카카오, 클로버)
   내일 인천 날씨 어때?" 라고 묻는다.
3. 포털 사이트에서 내일 부산 날씨를 검색한다.
4. 기상청 홈페이지에 접속한다.
5. 내 휴대폰의 날씨 애플리케이션을 누른다.
6. 일기도를 해석한다.

기상청 예보관이 가장 먼저 하는 일은 6번일 것이라 생각하는 사람도 있지만 대부분 사람들의 답은 4번부터 시작한다. 이 경우에는 내부 인트라넷의 홈페이지이다. 그곳에 접속해서 현재와 전날의 날씨 그리고 6번으로 넘어가 일기도를 보는 것이 일반적인 순서다.

날씨에 대한 정보를 얻는 방법은 간단하다. 사람들은 일기도를 먼저 보는 것이 아니라 잘 정렬되고 디자인된 아이콘이나 기상캐스터의 경쾌한 목소리를 통해 정보를 습득한다. 흔히 날씨 정보는 공공재라고 말한다. 가난하든 부자든 남녀노소 모든 사람들에게 공평하게 제공되어야 하며 차별이 있어서는 안 된다는 의미이다. 특히 우리나라에서는 대한민국의 역사와 함께 기상예보를 하는 기관은 일찍이 국가기관으로 자리 잡았다. 일제강점기에 생긴 기관을 그대로 이관받아서 미군의 관리에 들었다가 전쟁 후 직접 운영하게 된 것이다.

기상예보와 기후예측은 농업 국가에 특히 더 중요했다. 심지어는 전쟁에도 응용되었다. 그렇다 보니 국가에서 관리하는 게 당연했다. 오늘날에도 그리 다르지 않다. 날씨는 여전히 사람들의 생활에 중요한 요소다.

가깝게는 오늘 어떤 옷을 입을지, 아이스크림은 얼마나 팔릴지, 길게는 올해 롱 패딩이 유행할지 숏 패딩이 유행할지까지 결정할 수 있다. 사업적으로 가면 그 해 여름의 전력 수요량이나 그 해 겨울의 난방 수요량을 결정하기도 한다. 농업은 말할 것도 없다. 70억에 달하는 인구를 먹여 살리기 위한 식량은 아무리 생산해도 부족하다. 그 해에 가뭄이나 홍수가 닥치기라도 하면 생산량이 급감한다. 아무리 발달한 기술이라도 기상과 기후의 영역을 벗어나지는 못할 것이다. 인간이 지구에 산다면 어쩔 수 없는 영역이다.

그래서인지 예보는 점점 더 세분화, 다양화가 이루어지고 있다. 한 기관(대표적으로 기상청)에서 발표하는 예보의 종류가 시간과 공간별로 다양한 것은 이제 당연한 일이 되었다. 이제 전 세계의 다양한 기상 회사들이 기상예보를 제공한다. 특히 기상과학 분야가 발전해 있는 미국에서는 토네이도와 같은 특정한 기상 현상이나 오로라(주로 사용하는 단어는 북극광 Northern Lights) 같은 현상의 관측을 위한 예보만을 발표하기도 한다. 바다를 끼고 있는 섬나라는 해양과 관련된 예보가 중요할 것이다. 태풍에 관한 예보만 생산하는 기관도 있고 심지어는 우리가 직접 느낄 수는 없지만 여러 천체(특히 태양)들의 상황에 따른 영향을 예보하는 우주기상 예보도 생겼다.

그렇다면 이토록 많은 예보를 생산할 때 '각각의 기관들이 다 자신들의 수치 모델을 사용해서 예보하는 것일까' 하는 의문이 든다. 안타깝게도 아직 직접 슈퍼컴퓨터와 모델을 운용할 수 있는 기상회사는 그리 많지 않은 것 같다. 대부분의 국가기관이 아닌 민간 기상회사들은 국가가 생산한 모델을 응용해서 자체 예보를 생산한다. 그 예보들을 가지고 만든 애플리케이션을 통해 수익을 창출하고 특정 기업에 제공하기도 한다. 대한민국에서 가장 잘 알려진 민간 기상기업-방송사의 연계는 K 기업과 뉴스 채널 중 하나인 Y 방송사이다. 민간 기상사업자에게도 예보의 길이 열리면서 다른 회사들도 기상예보에 대한 노하우를 축적해 가고 있는 중이다.

기상청 또한 국민들의 다양한 요구에서 벗어날 수 없다. 기상청의 예보는 크게 다섯 가지 정도로 분류된다. 몇 시간 앞을 예보하는 초단기예보, 일반적으로 오늘에서 모레까지의 날씨를 예보하는 단기예보, 10일 간의 예보를 하는 중기예보와 장기예보로 통칭되는 1개월 전망 및 3개월 전망이다. 그보다 더 먼 기간(다음 계절이나 다음 해의 기상에 관한 전망)의 예보는 예보라고 하기보다는 '기후 전망'이라는 용어로 부른다.

기상은 내 주변, 그러니까 도시나 국가 단위의 비교적 좁은 지역에 대한 단편적인 날씨를 조금 더 자세하게 일컫는 용어이다. 표준 국어 대사전에 따르면 기상은 대기 중에서 일어나는 물리적인 현상을 통틀어 이르는 말로 바람, 구름, 비, 눈, 더위, 추위 따위를 말한다. 그런데 표준국어대사전에는 기후의 설명도 비슷하다. 기온, 비, 눈, 바람 따위의 대기ᴷᴷ 상태를 말한다.

하지만 기후는 주로 일정한 지역에서 여러 해에 걸쳐 나타난 기온, 비, 눈, 바람 따위의 평균 상태를 일컫는 용어로 더 자주 쓰인다. 내일의 날씨를 아는데 '기후 예보'가 필요하지 않고 내년 여름의 날씨를 아는데 '기상 현상'은 필요하지 않은 식이다. 내년 여름의 기상 현상을 알면 좋겠지만 평균적으로 여름은 덥고 습하고 비가 많이 오는 기상 현상이 매년 동반된다. 일반적으로 이야기하는 예보는 기상의 영역이다.

국민이라는 고객들을 위해 정보를 만들어내는 것이 기상청의 업무 중 하나이다. 그래서인지 정확도에 대한 이슈와 함께 국민이 가장 필요한 정보는 무엇인지 계속 연구하고 변화시켜 나간다. 급하게 변하면 적응이 힘드니 개편은 조금씩 이루어진다. 이는 기술의 발전이 쉽지 않은 것과도 연관이 있다. 기상청의 동네예보는 2008년 10월 30일부터 시작되었다. 행정구역 상 동 단위로 구분되어 있는 대한민국의 주소지 별로 예보를 수행하기로 한 것이다. 전국의 동 단위는 3,500여 개. 과거 63개 시군의 예보를 제공하던 것에 비하면 엄청나게 자세해졌다. 동마다 크기 차이는 있으나 평균적으로 격자 단위가 가로세로 5x5km이다. 당시 기상청에서 주로 사용하던 GDAPS ^{Global Data Assimilation and Prediction System, 전지구 예보모델} 모델의 격자가 30x30km였고 그 모델을 기반으로 한 국지 모델의 격자가 5x5km이었으니 기상청으로서는 대단한 도전을 한 셈이다. 시간 단위도 48시간까지의 기온과 습도, 강수확률, 하늘 상태의 예보를 3시간마다 발표했었다. 지금은 최대 72시간까지의 예보를 하는 데다 강수예보 또한 비와 눈의 상태를 조금 더 세분화하였다.

　　2021년부터 1시간 단위의 예보를 당일부터 모레나 글피까지 시험적으로 제공하고 있다. 기상청 홈페이지에서도 1시간 간격의 예보를 볼 수 있다. 기상청에서 일하는 사람으로서는 새로운 기술에 적응하고 정확도를 높이기 위해서 계속 노력해야 한다는 생각이 든다. 한편으로는 1989년에 발표된 고전 SF 영화인 〈백 투 더 퓨처 2 ^{Back to the Future Part II}〉에 나오는 것처럼 초 단위의 예보를 할 수 있는 기술이 발전할지도 모른다는 상상을 한다. 나아가 2017년에 발표된 영화 〈지오스톰 ^{Geostorm}〉처럼 인간이 미래의 기후를 조정할 수 있게 될지도. 변덕스럽고 알 수 없다고 생각했던 날씨를 맞추기 위해 수없이 많은 사람들이 노력하고 있는 모습을 보고 있으면 인간의 기술력이 어디까지 발전할지 궁금해진다.

제3부

부산의 눈송이,
제주의 레몬

어느 도시에 살든
삶에는 항상 다채로운 날씨가 함께 하곤 했다.
과거에도, 미래에도.
시간과 함께 날씨 역시
저마다의 방식으로 흐르고 있다.

한겨울에도 바람만 불지 않으면 코트를 입는 것만으로 거뜬히 버틸 수 있는 동네가 고향이다. 어릴 적 살던 동네는 남쪽에 위치해서인지 겨울이 다 가도록 눈 한번 보기가 그렇게 힘들었다. 학교를 다니고 있을 적에는 혹시 우리 동네에 눈 소식은 없는지 일기예보를 두 번 세 번 꼼꼼히 살펴보고는 했다. 북쪽에 있는 다른 도시를 가지 않는 이상 부산에 내리는 눈은 땅에 닿자마자 녹아 눈인지 비인지 구분이 가지 않는 진눈깨비 정도가 다였다.

5년 내외의 주기로 부산에는 큰 눈이 한 번씩 내린다는 이야기가 내려온다. 부산 사람들에게 큰 눈은 별것 아니다. 쌓여서 금방 녹지 않을 정도면 된다. 눈다웠던 눈이 잘 내리지도 않고 쌓이지도 않는 지역이니 1cm라도 쌓이는 것이 중요하다. 주기가 5년인 이유는 대학에 들어오고 나서야 알 수 있었다.

대기의 순환을 배우면서 지나가듯 들은 이야기로는 북극진동이 원인일 수 있다고 했다. 북극의 강한 바람대가 한반도로 남하하고 그 영향이 부산까지 내려오면 남쪽까지 찬 공기가 가득 차 눈을 내리기에 충분히 추운 날씨가 된다. 잔뜩 차가워진 공기에 남쪽이나 남서쪽에서 수증기를 머금고 다가오는 저기압의 영향을 받으면 평소에 비로 내려야 할 물방울들이 대기 상층에서 꽁꽁 얼어 눈으로 내리게 된다. 북동쪽에서 내려오는 한기의 영향을 받아 동해안에 폭설을 내리게 하는 구름이 경남 동해안까지 진출하게 된다. 이런 경우에는 울산과 부산할 것 없이 큰 눈이 내린다. 거기에 눈을 내리는 저기압이 쉽게 지나가지 못하는 기상 조건을 갖추면 그야말로 재난 수준의 눈이 된다.

"눈 온다!"

창밖에서 눈송이가 날리기라도 하면 교실 안은 언제나 수업이 불가능할 정도였다. 선생님들도 눈을 보는 것이 낯선 경험인 것은 마찬가지였다. 많이 오는 것도 아닌 눈을 운동장에 나가서 맞겠다고 수업을 일찍 끝내는 일도 있었다. 경사가 심한 도로는 버스가 다닐 수 없어서 멈추어버리고 비탈길을 걸어 내려가느라 모든 사람들이 거북이가 되기도 했다.

부산에 오래 산 사람들은 시내가 하얗게 변하는 흔치 않은 광경을 오래도록 기억한다. 아마 최근 몇 년 간 가장 기억에 남는 눈은 (80~90년대 생을 기준으로 하면)2005년 3월 4일의 폭설과 2011년 2월 14일에 내린 눈일 것이다. 2005년의 폭설은 무려 3월 초, 새 학기가 시작할 무렵에 일 신적설이 29.5cm(총 누적 적설은 37.2cm를 기록했다)를 기록한 눈이다. 부산에서는 정말 보기 드물게 도시 전체가 흰 빛으로 둘러싸인 날이었다. 도시 전체가 멈추어 버린 것은 말할 것도 없다. 6년 후인 2011년, 이전보다는 못하지만 7cm라는 많은 양의 눈이 내렸다. 대설 경보 기준에 충분한 눈이었다.

눈이 오면 부산 사람들의 기분은 극명하게 나뉜다. 학생들과 아이들의 눈은 또랑또랑하게 빛난다. 지금만큼 해외여행이 일상적이지 않았던 시절의 학생들로서는 일생에 몇 번 보지 못한 대 이벤트인 것이다. 반면에 어른들은 한숨부터 쉬었다. 부산의 지리적 특성 때문이다. 2005년의 눈 기록은 부산시청 유튜브에서, 2011년의 눈 기록은 연합뉴스에서 찾아볼 수 있다. 부산에 겨울 동안 머물러 보았던 사람이라면 이 광경이 얼마나 낯선지 알 수 있을 것이다.

부산은 지역명에 들어가는 한자인 '산山' 만큼이나 산이 많은 동네다. 평지에 위치한 아파트나 학교는 보기 드물다. 대부분의 학교는 산을 깎아서 터를 만든다. 부산에서 가장 큰 대학교인 부산대학교 또한 마찬가지다. 부산의 끝자락인 금정구에 오면 금정산의 산세가 지하철 역 바로 앞까지 뻗어 있는 것을 알 수 있다. 지하철역에서 나오자마자 비탈길이 시작된다.

다른 지역도 크게 다르지 않다. 비탈이 심한 학교를 10개쯤 꼽자면 그 안에 부산에 있는 대학교가 적어도 3개쯤은 들어갈 것이다. 이렇듯 산을 깎아 경사로를 다져 만든 부지가 많아 눈이 오면 통행이 불가능해진다. 평소부터 눈이 많이 오는 곳이라면 겨울용 체인이라도 걸고 도전해 볼 법한데 1년에 한두 번 눈이 내리는 도시에서 겨울용 체인은 사치일 뿐이다.

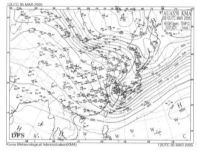

2005년 3월 5일의 중층 대기 일기도. 부산과 울산 동쪽에 차가운 공기와 저기압이 머물러 있다.(출처: 기상청)

모두가 당황하는 아침에는 출근 시간이 늦어지기도 하고 낙상 사고도 종종 일어난다. 학교라고 다를 리 없다. 눈이 제법 쌓이기라도 하면 부산의 학교는 하루 임시 휴교를 하는 결단을 내린다. 혹시나 등굣길에 학생들이 다치기라도 하면 더 큰 문제가 될 수도 있기 때문이다. 수없이 많은 경사로에 박스나 비닐을 깔고 미끄러져 내려가는 아이들을 잔뜩 볼 수 있다. 제설작업차량의 수가 적으니 큰 도로도 치워지지 않은 채 녹기를 기다릴 수밖에 없었다.

남해안 인근에 큰 눈이 내리는 것은 꽤 특이한 기상 사례로 꼽힌다. 기상학 전공자들은 특이했던 사례를 분석하는 경우가 많다. 샘플이 극단적으로 부족하기 때문에 하나하나의 원인을 알아야 다음을 대비할 수 있기 때문이다. 그래서인지 당시의 기상학자들은 이 특정한 현상에 대해 분석한 논문을 발표하기도 했다. 남해안을 따라 강하게 형성된 저기압이 부산을 통과해서 지나갔다. 평소라면 서너 시간 만에 지나갈 저기압이 상층까지 발달한 북태평양의 고기압에 의해서 길이 막혔다. 더불어 지상의 경남 해안은 비교적 따스한 편이라 바다에서 수증기가 계속 공급될 수 있었다. 당시 부산의 밤 기온은 영하 1도 남짓. 밤에 주로 내린 강수 현상이다 보니 태양빛에 의해서 녹는 효과도 기대할 수 없었다. 첩첩산중이라는 말은 이런 경우일 것이다. 모든 조건이 부산에 많은 눈이 내릴 수밖에 없는 상황을 만들고 있었다.

이후 2011년에도 비슷한 패턴의 기상 현상이 나타났다. 전반적으로 낮은 대기의 기온과 동해 남부 해상 인근에 위치한 저기압이 수증기를 계속 공급받으며 눈을 뿌릴 수 있는 조건을 만들었다. 부산과 울산에 내린 폭설로 항공기나 교통편이 마비된 것은 당연했다. 치워도 계속 쌓이는 눈으로 인해 기차도 지연되었다. 신문에 태풍을 제외하고 부산의 날씨가 주목받은 것은 오랜만이라며 신기해했던 기억도 난다.

아이들에게는 아쉽게도 2011년 이후에 가장 눈이 많이 온 것은 부산을 기준으로 2018년의 1.3cm 정도다. 다만 때때로 부산에도 함박눈이 내리는 기상 조건이 갖추어진다. 이제는 어른이 되어버린 내게 눈은 그저 하늘에서 내리는 성가신 존재일 뿐이다. 출근과 교통편 걱정, 질척질척 녹아서 신발이 더러워지겠다는 걱정을 한다. 눈으로 보는 것이야 즐겁지만 부산에 내리는 눈은 사람들을 불편하게 한다는 감정이 더 크다. 타지에서 오래 살다 보니 이제는 눈이 낯설지 않은 것도 한몫 한다. 하지만 부산에서 일생을 보내고 있는 사람들은 다를 것이다. 늘 설레고 조금 무서운 현상. 눈이 내리는 순간을 즐기는 사람들의 모습을 보면서 기분 전환을 한다.

부산에도 눈이 이렇게 많이 온 날이 있었다. 다시 볼 날이 있을까?
그때도 부산의 사람들은 눈을 즐기게 될까?

조금 더 재미있는 기상학 정보

북극진동 北極振動, arctic oscillation: 지구 대기 순환의 영향을 받아 북극에 존재하는 차가운 공기로 인해 소용돌이가 생겨나는데, 이때 수일에서 수십 일 주기로 강하거나 약한 공기가 되풀이되는 현상을 말한다. 영어 약자로 AO라고 표기하기도 한다. 북극진동은 '양으로 강해진다(+), 음으로 강해진다(-)'는 표현을 사용한다. 이때 양의 북극진동은 북극과 중위도의 기온 차로 생기는 제트류가 강해 직선 형태의 바람이 나타나며, 찬 공기가 남하하는 경향이 적다. 반대로 음의 북극진동은 제트류가 약해져 찬 공기가 아래쪽으로 내려오는 경향이 크다. 이때 우리나라나 미국 동부 등 여러 중위도 지역에 한파가 찾아오기도 한다.

참고 자료

· 「2005년 3월 5일에 나타난 부산지역 대설의 발달 기구에 대한 연구」(허기영, 하경자, 신선희, 한국기상학회, 2005)

· <'눈 없는' 부산 폭설… 빗나간 기상청 예보>(연합뉴스, 2011.2.14)

· <부산에서 적설량이 가장 많은 날, 2005년 3월 5일>(붓싼뉴스-부산광역시 공식 유튜브 채널)

더위에 약한 사람이라면 누구나 여름에는 피하고 싶은 도시가 있다. 정확하게 말하면 '도시들'이라고 해야겠다. 몇 가지 조건을 가진 도시들은 여름이 되면 끝을 모르고 기온이 올라가곤 하니까.

일을 하면서 수치로 그 도시의 온도와 습도, 불쾌지수를 접하면 더욱 끔찍해진다. 내륙의 뜨거운 열을 맞으며 생활하는 것은 비교적 시원한 지방에서 살았던 사람에게 극한의 스트레스를 준다. 대표적인 도시가 대구, 전주, 청주 같은 내륙에 위치한 도시들이다. 그중에서도 내게 문화 충격을 주었던 도시는 대구였다. 대구의 봄이나 가을만 겪었던 나는 그 아름답고 즐길 거리 많은 도시가 여름에는 찜통이 되는 것처럼 덥다는 것을

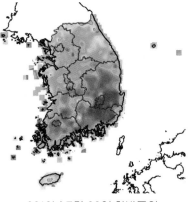

2018년 7월 20일 한반도의 최고기온 분포도. 붉은색은 35도 이상을 의미한다.(출처: 기상청)

깨달았다. 통계자료로 보고 느끼는 더위와는 차원이 달랐다.

　2018년 여름, 전국이 찜통더위에 허덕이고 있을 때 대구 또한 그 폭탄 같은 더위를 벗어날 수 없었다. 7월 중순 이후부터는 35도를 넘는 더위가 일상적일 정도였다. 출장차 방문했던 대구는 구름 하나 없는 여름 날씨였다. 햇볕을 가릴 길도 없어 양산과 모자, 선글라스를 쓴 사람들이 지나다녔다. 대구에 오랫동안 살았던 분들은 태연했다. 그늘에 가서 잠시 더위를 식혀도 그 뿐. 등을 타고 내려가는 땀이 선명하게 느껴지고 태양은 찌를 듯 힘을 쏟아냈다. 대중교통으로 이동하려는 마음을 과감히 포기하고 택시에 올라탔다.

　역에서 택시 승강장까지는 5분도 걸리지 않았다. 그 시간동안 더위를 느꼈을 뿐이었는데 택시에서 내릴 순간이 두렵기만 했다. 물을 꼭 가지고 다니고 양산도 필수였다. 신호등 아래에는 그늘막이 설치되어 있었다. 가끔은 작은 물방울을 뿌려주는 곳에 가서 물의 증발열로 잠깐 몸을 식히기도 했다. 그 모든 것들이 시원하기 위한 것이 아니라 생존을 위해서 필수적인 것들이었다. 대구뿐만이 아니다. 다른 내륙 도시도 사정은 비슷했다. 보통은 다른 도시에 방문하는 출장을 즐기는 편이지만 그 해에는 어디로도 움직이고 싶지 않았다. 집이, 아니 집보다 회사가 최고였다. 적어도 회사에서는 늘 일정한 온도를 느낄 수 있기 때문이었다. 같은 여름임에도 어떤 도시는 유별나게 덥고 어떤 도시는 살만했다. 2018년 만의 특별한 경험은 아니었지만 기후변화가 계속되어 한반도의 평균기온이 올라간다면 이렇게 되겠구나 싶었다. IPCC ^{Intergovernmental} ^{Panel on Climate Change, 기후변화에 관한 정부 간 협의체}에서 내어 놓은 기후변화 시나리오에서 수없이 말했던 '더워지는 지구'를 체험할 수 있는 날들이었다.

지구가 만들어 내는 찜통 더위

대체 왜 여름엔 더운 것일까. 대표적인 이유는 지구의 자전축 때문이다. 23.5도가 기울어져 있는 지구의 자전축은 공전하면서 계절마다 태양빛을 다른 고도로 받는다. 여름에는 높은 고도로, 겨울에는 낮은 고도로 받는 것이 북반구에서는 일반적이다. 같은 양의 태양빛을 넓은 면적에 받게 되면 동일한 면적에 받는 빛의 세기는 약해진다. 반대로 좁은 면적에 받게 되면 그 에너지는 강해진다. 태양의 남중 고도가 높아져 좁은 면적에 태양빛을 받는 시기가 바로 여름이다. 태양빛을 받는다고 해서 바로 더워지는 것이 아니라 천천히 온도가 올라가기 때문에 실제로 지표면에서 가장 높은 기온이 나타나는 때는 하지를 지나서이고(7~8월) 하루 중 변화로 따지면 오후 2~4시쯤이다. 기단의 영향도 크다. 북태평양에서 올라온 덥고 습윤한 고기압과 티베트에서 확장된 건조한 고기압이 영향을 미치기 때문이다. 남쪽에서 불어온 더운 바람들이 한반도에 영향을 미치면 습하고 답답한 더위가 된다. 더 좁은 범위로 가면 지형적 원인과 인간 활동의 원인이 있다.

더운 곳으로 손꼽히는 지역은 대부분 '분지盆地'로 이루어져 있다. 산이 많은 한반도의 지형 중에는 주변이 산으로 둘러싸인 형태의 분지를 심심찮게 볼 수 있다. 대구뿐만이 아니라 서울, 춘천, 홍천처럼 분지 지형을 가진 도시는 수도 없이 많다. 매년 여름 최고기온이 크게 올라가는 도시의 소개를 보면 대부분의 도시가 '분지 지형으로 일교차가 크고'와 같은 설명을 볼 수 있다. 하지만 분지 지형인 도시가 반드시 덥고 추운 것은 아니다. 비슷한 형태의 분지라도 더운 공기가 빠져나갈 수 있는 지형이 만들어져 있으면 더위는 덜하다.

햇빛으로 인해 데워진 공기가 갇혀서 더운 것 외에도 지형적인 원인으로 생기는 다른 더위도 있다. 바로 '푄 현상'이다. 산을 넘어오며 바람이 고온 건조해지는 푄 현상은 산맥이 높은 태백산맥에서 뚜렷하게 나타나지만 낮은 산이라고 해서 그 영향이 없는 것은 아니다.

일반적인 평지라면 산을 넘어와 데워진 공기가 다른 지역으로 빠져나가 열 순환이 잘 이루어지겠지만 분지처럼 바람길이 산으로 막혀있는 지역은 넘어온 공기가 퍼져나가지 못하고 쌓이기만 한다. 대구광역시를 예로 들면 금호강 주변에서는 바람길이 형성되어 데워진 공기의 순환이 비교적 잘 되는 편이고 강에서 멀어질수록 더운 공기가 머무는 시간이 길어진다. 서울에서도 더운 날에는 한강 주변으로 사람들이 모인다. 다른 도시도 강 주변은 다른 곳보다 온도가 낮은 경향을 보인다.

도시의 폭염을 만드는 원인은 여름이 되면 늘 언론의 화두에 오른다. 이런 저런 이유들이 있지만 내가 사는 도시가 다른 곳보다 덥다면 단순히 자연적인 조건만이 더위의 원인이라고 할 수는 없다. 그 날의 종관기압계가 도시의 기온을 올리는 데에 일조하고 있을 가능성이 크기 때문이다. 또한 인간이 도시를 건설하면서 생긴 여러 가지 조건들이 중요한 원인이 된다. 바로 도시 열섬 효과다.

대구나 서울처럼 큰 도시에는 건물이 많다. 요즈음 지어지는 건물의 대부분은 벽면이 밝은 색이거나 유리창을 설치해 둔다. 검은색이나 갈색으로 칠할 경우 건물이 흡수하는 열의 양이 많아져 냉방비가 훨씬 많이 든다. 여름에 검은 옷을 입었을 때가 흰색 옷을 입었을 때에 비해서 더운 원리와 같다. 밝은 벽이나 유리창은 대부분 태양빛을 반사하는 효과를 가지고 있어서 주변의 온도를 높이는 효과가 있다. 자동차의 배기가스, 공장의 연기, 현대인의 필수품인 에어컨 실외기에서 나오는 열 등 사소한 요소라고 생각하는 열의 수십 또는 수백만 명 분이 모인다고 생각해보자. 안정적인 대기 상태라면 공기는 갇혀 있는 채로 온도가 계속 올라갈 수밖에 없다. 덥기 때문에 냉방기 온도를 내리고, 내린 온도를 유지하기 위해 실외기가 더 많은 열을 내 그 열로 인해 주변 온도가

우리나라의 분지 지형.
서울은 김포 인근에 평야가 있어서 바람길이 형성된다.(출처: 구글 지도)

올라가는 악순환이 반복된다.

한반도의 큰 도시 중 대부분은 분지와 비슷한 지형에 위치한 도시가 많다. 크지 않아도 오랜 역사를 가지고 있는 곳이다. 탁 트인 평지가 아닌 산으로 둘러싸인 곳에 생긴 이유가 외세의 침범을 막기 위해서라고 하니 우리나라의 역사가 얼마나 평탄하지 못했는가를 알 수 있다. 거기다가 마을과 마을이 가까이 있고 강까지 있으면 물류를 이동시키는 데에도 큰 역할을 한다. 산이 있으면 땔감을 얻기도 쉬워서 겨울을 나는 것도 가능했을 것이다. 사람들이 잘 느끼지 못하는 분지의 좋은 점 중 하나는 바로 지면에 요철을 발생시켜 큰 바람과 비를 막아준다는 것이다. 평지에서 달려 나가는 바람이 산을 만나 한번 가로막혀 세력이 약해지는 효과는 두말할 필요도 없다. 과거에는 지금보다 녹지가 훨씬 많았을 테니 자연적인 현상을 제외하면 더위를 강화시키는 요건이 적었으리라. 그 도시들의 역사가 지금까지 이어져 내려오고 있는 것이다.

여름을 나기 위해 기상청에서도 폭염 영향 예보를 발표하고 지자체에 폭염 대비에 힘든 취약계층을 지원할 수 있도록 노력하지만 기상에 대한 정보를 주는 것만으로는 한계가 있다. 많은 지자체에서도 이를 극복하기 위해서 도시 녹지를 늘리는 등의 노력을 한다. 산림청에서도 도시숲 조성을 통해 도시 열섬 효과를 완화시키는 데에 도움을 주고 있다.

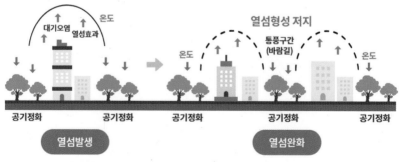

산림청에서 설명하는 도시숲의 효과(출처: 산림청 홈페이지)

더위 때문에 현기증을 느끼기도 하는 나로서는 더위로 가득한 도시에 사는 것이 곤욕스럽다. 서울도 마찬가지다. 여름의 서울은 너무 고통스러울 만큼 덥다. 열사병에 걸릴 수도 있겠다는 생각도 자주 했다. 직업 특성 상 큰 도시를 옮겨가며 살지도 모르기 때문에 내가 적응하는 수밖에는 없다. 그날그날 기온을 체크해가면서 늘 더위를 대비하기 위한 용품들을 가지고 다닌다. 다양한 더위 완화 방법이 생긴다면 더운 날에도 그리 힘들다고 느끼지 않을지도 모른다. 뭐든지 적당한 것이 좋다는 것을 언제나 생각한다.

조금 더 재미있는 기상학 정보

IPCC: 기후변화에 관한 정부 간 협의체IPCC, Intergovernmental Panel on Climate Change라고 하며 UN의 전문기관인 세계기상기구WMO와 그 산하기관인 유엔환경계획UNEP에 의해 1988년 설립된 조직이다. 우리나라에는 IPCC에서 발간한 기후변화를 예측한 보고서로 잘 알려져 있다. IPCC의 기본 임무는 인간 활동이 기후변화에 어떤 영향을 미치는 지를 분석하여 실현가능한 대응전략을 주기적으로 평가는 것이다. 또한 그 평가는 기후변화에 대한 국제연합 기본협약UNFCCC의 실행에 관한 보고서를 통해 전 세계에 알린다. 직접 기상 관측을 하거나 연구수행을 하는 것은 아니며 IPCC총회를 열어 각 회원국의 대표들이 보고서를 확정하게 된다. 본사는 스위스 제네바에 있으며 195개의 회원국이 있다. IPCC평가 보고서는 보통 6년 내외의 주기를 가지고 발표되며 가장 최근의 보고서는 제5차 보고서(2014)이다. 현재는 제6차 보고서를 작성 중이다. 우리나라에서 IPCC의 주관부서는 기상청이며, 2016년부터 IPCC전문가 포럼을 발족하여 운영 중이다.

분지盆地: 분지는 동이 분盆에 땅 지地로 이루어져 있다. 물동이처럼 안쪽으로 움푹 파인 형태의 지형을 말한다. 분지가 생성되는 원인 중 두 가지 원인을 소개한다. 먼저 거대한 언덕이나 산 모양의 지형(혹은 기반암이라고 하는 거대한 암석으로 이루어진 지형)의 안쪽이 침식된 침식분지가 있다. 나머지 하나가 단층의 움직임으로 인해 생긴 분지이다. 그 외에도 해안에 생긴 분지, 운석 충돌 등으로 인하여 크레이터처럼 생긴 분지 등 여러 가지 유형이 있다.

도시 열섬 효과Urban Heat Island, UHI, 열섬: '도시' 보다 '열섬Heat Island'에 집중하면 이해하기 쉽다. 특정 지역이 주위보다 뚜렷하게 평균기온이 높은 현상을 의미한다. 이런 현상이 도시에 나타나면 '도시 열섬'이라고 하는데 특히 대도시에서 주로 나타난다. 도시 열섬을 쉽게 느낄 수 있는 서울에서는 강남 인근에서 남쪽으로 조금만 더 내려간 교외 지역이 훨씬 시원하다. 원인으로는 도시 지역의 에너지 소비에 의한 인공열 방출과 녹지 지역의 감소, 콘크리트 및 아스팔트의 증가, 대기오염물질에 의한 온실효과 증가 등이 상호 복합적으로 작용하여 형성된다.

종관기압계: 종관綜觀, Synoptic은 '관측을 모으다'라는 의미로, 종관기압계는 관측을 모아 분석한 기압 정보로 판단한 대기의 상태를 의미한다. 종관관측을 하여 종관기압계를 파악하고 종관예보를 내는 것이 일반적인 예보관들의 업무이다.

참고 자료

· 『대기과학개론』(한국기상학회, 시그마프레스, 2006)

· 『미기상학개론 제2판』(윤일희 역, 시그마프레스, 2003)

· 기상청 방재기상정보시스템 http://afso.kma.go.kr

· 기상청 기후정보포털 http://www.climate.go.kr

· 「도시 열섬 완화 대책Measures to Mitigate Urban Heat Islands」(요시키 야마모토, Quarterly Review, Environment and Energy Research Unit, Science and Technology Foresight Center, 2006)

몇 년 전 제주 여행을 할 때 유행하던 것이 있다. 한 유명 호텔에서 한 그릇에 5만 원가량으로 판매했던 애플망고 빙수다. 애플망고는 대부분 수입에 의존하기 때문에 가격이 비싸기는 하지만 5만 원이라니. 사람들은 호텔의 폭리라고 비난하기도 했지만 정작 그 호텔이 내놓은 입장은 입을 꾹 다물게 했다. 그 가격에는 '제주산 애플망고'를 이용한다는 자부심이 들어있었다.

　그리고 꽤 세월이 지난 지금, 인터넷에는 아보카도 키우기나 레몬 키우기가 유행처럼 돌아다닌다. 기온 연교차가 크지 않은 지역에서 햇빛을 많이 받으며 자라는 식물들인데 실내에서 발아하여 겨울을 잘 나면 충분히 키울 수 있다는 것이었다. 궁금한 것은 해봐야 하는 성격 덕에 레몬청을 만들고 남은 레몬 씨앗과 아보카도 샌드위치를 먹고 남은 아보카도 씨앗이 내 손에 들어왔다. 레몬 씨앗은 작아서인지 결국 발아에 실패했고 아보카도는 뿌리를 쑥쑥 뻗어 베란다 화분에서 자라고 있다. 여름 한낮의 햇볕은 남쪽 나라들보다 뜨거울 때도 많아서 여름이 되면 열대지방에서 자라는 식물들도 화원에 제법 나온다. 심지어 겨울나기만 잘 해주면 잘 자란다. 예전에는 낯선 식물이었지만 이제는 많이 익숙해졌다. 지방에 계신 할머니 댁에는 레몬이 익어간다. 남쪽이긴 하지만 꽤 추운 한국의 겨울에 어느 정도 적응을 한 것인지 천천히 가지를 뻗어나가며 자라고 있다.

식물의 분포는 그 지방의 기후를 분류하는 데에 있어서 아주 중요한 요소 중 하나다. 식물은 대개 날씨에 대해서 굉장히 민감하다. 땅에 붙박이로 살아가는 만큼 뿌리가 얼지 않아야 하기 때문에 겨울 최저기온에 생사가 좌우된다. 오며 가며 들었던 정원사 수업에서는 우리나라 안에서도 자랄 수 있는 나무들은 지역이 한정되어 있어 적응을 필요로 한다고 했다. 따스한 날에 잘 자라는 나무들은 부산이나 제주에서 적응기를 거친 후 점점 추운 지역으로 옮겨 심기를 반복하며 서울이나 파주, 강화도까지 올라간다. 그렇게 화원을 옮기면서 추위에 대한 적응을 한 후에 적절한 곳으로 가는 것이다. 이런 번거로운 방법을 사용하지 않고 한 번에 옮기는 방법도 있지만 날씨 조건이 달라지면 나무의 생존 가능성이 낮아진다. 영상에서 살던 나무들이 영하 20도 정도 되는 추운 곳에 가버리면 적응이 쉽지 않을 것이다. 천천히 적응해 온 나무의 생존 확률이 백 중 칠팔십이라면 갑작스럽게 환경이 변한 나무는 백 중 삼사십 그루도 살지 못한다고 한다. 그러나 그 어떤 극한 상황에서도 나무들은 적응해 낸다. 나무에게는 조금 가혹할지 모르나 새로운 기후 세계를 탐험하는 선구자가 되어 조심조심 뿌리가 뻗어나간다.

최근에는 제주도산 레몬이 나오기 시작했다. 한 백화점에서 시험적으로 판매했었는데 의외로 반응이 뜨거웠다고 한다. 외국산 레몬은 바다를 건너 멀리서 오는 탓인지 농약과 방부제 범벅이다. 그래서 요리할 때 레몬 껍질을 쓰며 불안했었는데 제주산 레몬의 경우 농촌에서 쓰는 기본적인 약제를 제외하면 오랜 기간 보관하기 위해 방부제를 사용할 필요가 없다. 물과 소금으로 깨끗하게 씻어서 껍질을 강판에 살짝 갈아내면 주방에 레몬 향기가 강하게 퍼지곤 한다. 그만큼 신선도도 좋았다. 가격은 수입 레몬보다 비쌌지만 유기농 친

환경 제품이라는 것을 생각하면 부담스러운 가격은 아니었다. 선호하는 사람들이 있는 한편으로 어떤 사람들은 혀를 찼다.

"지구 온난화 때문에 한반도의 기후가 변하니 나무 품종이 다 변하고 있네. 쯧쯧."

틀린 말은 아니다. 하지만 일부 오해를 풀어야 한다. 식물에 따라 다르지만 레몬은 열대지방에서 자라는 품종이 아니다. 레몬의 원산지는 인도 북부의 히말라야 산맥. 그냥 들어도 우리나라보다 기온이 높을 것 같지는 않은 곳이다. 2세기쯤에 로마에 전해졌고 10세기쯤에 스페인을 비롯한 지중해 인근에서 자라기 시작했다. 보통 연교차가 크지 않은 곳에서 많이 자란다. 연평균 기온은 16도 정도이고 겨울 최저기온이 −2도 이하로 내려가지 않는 곳이 좋다. 현재 일반인들에게 잘 알려진 레몬 재배지는 캘리포니아다. 강수량이 많지 않고 대기가 건조한 곳이라 오렌지, 레몬, 체리 등 다양한 과일들이 잘 자란다. 우리나라의 경우 여름과 겨울의 연교차가 내륙에서는 50도가 넘게 날 수도 있는 곳이라 레몬의 재배지로는 적합하지 않다고 생각할 수 있었다. 하지만 제주도는 국내 다른 지역에 비해서 위도가 낮고 식물의 생장에 가장 관건인 겨울 기온이 심각하게 낮은 수준은 아니었기에 가능성을 점쳐볼 수 있었다.

흔히 우리가 '기후변화에 적응'해야 한다고 말하듯이 식물들은 오랜 시간에 걸쳐서 그것을 해낸다. 싹을 틔우는 방법도 자손을 남기는 방법도 천차만별인 것은 자연에 적응하기 위해 스스로 방법을 고안해 냈기 때문이다. 어떤 식물들은 매우 까다로운 조건을 맞추어야 하는 경우도 있다. 그럴 때에는 주변 환경에 따라 그들만의 민감할 수밖에 없는 생물학적 사정이 있을 가능성이 높다. 수년의 세월을 거친 레몬은 비닐하우스라는 약간의 도움을 받으면서 제주도의 날씨에 훌륭히 적응했다. 겨울에 한파가 찾아올 때와 여름에 긴 장마나 강수로 과습 피해를 입는 것을 방지하기 위해 사람들이 마련해둔 보호막이다. 기온이 너무 낮으면 온도를 약간 조절해주기도 하지만 온실에서 적당한 온도와 습도 아래에서 보호만 받고 자라는 것과는 차이가 있다. 이렇게 시설재배를 하고 있는 레몬나무가 노지에도 적응을 하게 되면 우리나라에서 잘 자라는 레몬 품종이나 나무로 바뀔지도 모른다.

기후변화는 대체로 천천히 일어난다. 몇 십 년, 대개는 몇 백 년에 걸쳐서 서서히 온도가 올라가거나 내려가는 것이 일반적이다. 바다와 대기의 흐름, 태양빛의 세기 또한 자연이 성질을 바꾸는 데에 천천히 영향을 미친다. 그 기간 안에 적응을 한 생물은 살아남고 그렇지 않은 생물은 서서히 도태되어 간다. 그 도태된 자리를 새로운 생물이 채울 것이다. 지금 제주의 논과 밭에 애플망고나 레몬이 서서히 자리를 넓혀가고 있는 것도 그런 현상 중 하나다. 변화한 기후에 맞추어 자랄 수 있는 식물도 달라지는데 인간의 편의를 위해서 같은 식물을 계속 기르고 있는 것이라는 생각도 든다. 사람이 만든 인위적인 현상일지도 모르지만 인간 또한 자연의 일부라는 것을 깨닫는다면, 기후변화에 적절히 대처할 기회를 찾게 될지도 모르겠다.

자연의 변화, 특히 장기적인 기후의 변화는 분명 커다란 문제다. 인간이 현재까지 살아왔던 방식을 모두 바꾸어야 할지도 모르기 때문이다. 특히 지구온난화와 같은 변화이기는 하지만 인간이 그것을 가속화하고 있기 때문에 인류의 삶이 자연을 인위적으로 망가트리지 않게 하는 것이 각국에서 큰 화두로 오르고 있다. 이미 뜨거워지고 있는 지구를 한순간에 몇 십 년 전의 상태로 돌리는 것은 불가능하다. 그렇기에 인간 또한 적응해서 살아가야 할 것이다. 인간의 개입이 원인이 되는 과도한 온난화를 최대한 줄이도록 노력하면서 말이다.

제주에서 자랐다는 레몬은 상큼했다. 레몬청으로 만드는 것이 아까울 만큼 껍질에서는 시원한 향이 풍겼다. 제주에서도 귀하다는 애플망고는 달콤하게 입안에 녹아들었다. 그 순간만큼은 기후변화 덕분에 이런 과일을 안심하고 먹을 수 있다는 생각도 했다. 하지만 한편으로는 기후가 변화하면서 점점 더워지고 길어지는 여름에 한탄하기도 한다. 에어컨과 손풍기를 달고 산다. 겨울의 추위에는 롱 패딩이 필수가 되었다. 어쩌면 기후에 가장 적응을 못하고 있는 것은 인간이 아닐까 걱정한다. 적응을 하기 위해 더위나 추위와 정면으로 맞서야 하는데 도저히 용기가 나지 않는다. 10년 후의 여름과 겨울이 어떨지 막연하게 걱정스럽기만 하다. 기후에 적응하는 것은 사람이 먼저일까, 레몬 나무가 먼저일까.

통통하게 익은 레몬. 지금은 수입산이 더 많은 비중을 차지하지만
언젠가 '제주산', '고흥산' 레몬이 다수를 차지하게 될지도 모른다.

참고 자료

· 제주특별자치도 농업기술원 https://agri.jeju.go.kr/agri/index.htm

· 『대한민국 국가지도집 2권 - 기후에 따른 식물의 계절변화』

· <아열대 작물 재배 지역 북상 중… 귀농인들 커피 어때요? - 김성주의 귀농귀촌이야기>(중앙일보, 2019.11.09)

· <영화 '투모로우'속 빙하기 과연 올 것인가?>(LG 사이언스 랜드, 2004.07.07)

할머니의 무릎이 아픈 것은

#기상병 #저기압 #우울증

어떤 사람들은 날씨 변화에 굉장히 민감하다. 특히 컨디션이 좋지 않거나 몸이 약한 사람들은 날씨의 좋고 나쁨에 따라서 몸 상태가 변하는 것을 자주 느낀다. 기분 탓으로 느껴질지도 모르겠지만 사실 비가 오면 우울해지고 날씨가 쾌청하면 기분이 산뜻해지는 것은 과학적인 근거가 있는 이야기다.

식물이나 동물들이 환경 변화에 반응하듯 인간도 환경에 변화가 생기면 적극적으로 반응을 하게 된다. 기상병 중에 가장 잘 알려진 것은 '고산병高山病, altitude sickness'일 것이다. 고산병은 보통 해발 2,400m 이상에서 나타나는 현상인데 지상에서 높은 밀도의 산소를 마시며 살던 인간의 신체가 고도가 높은 산이나 고원지대에 올라 낮은 밀도의 산소를 마실 때 일어나는 현상이다. 높은 고도로 올라갈수록 기압이 낮아지고 공기를 구성하는 모든 요소의 농도가 낮아진다. 극단적인 예시를 들자면 상자 안에 질소 분자 780개와 산소 분자 210개를 비롯해 다양한 분자들이 있다가 기압이 낮아지면 질소 분자 380개와 산소 분자 105개가 있는 식이다. 평소에 비해 농도가 낮은 산소 때문에 몸 곳곳에 도달해야 할 산소가 부족하게 되고 그 때문에 호흡이 가빠진다. 저산소증처럼 머리가 몽롱해지고 식욕이 없어지며 몸살에 걸린 듯 온몸이 아픈 증상도 나타 난다. 치료를 하지 못하면 사망에 이르는 심각한 병이다.

사실 고산병 같이 특정 지역에서만 일어나는 현상은 그 지역으로 가지 않 는 이상 경험하기 힘들다. 하지만 관절염 등 기저 질환이 있거나 몸이 약해 계 절 변화에 예민한 사람일수록 기상병을 느끼기 쉽다. 급격한 기압, 온도, 습도 의 변화가 있을 때 몸의 변화가 느껴지는 것이 기상병의 증상이다. 이러한 변 화를 일으키는 대표적인 현상이 전선의 이동, 태풍의 접근, 푄 현상 같은 것들 이다. 그 중 전선과 태풍은 기압변화를 크게 일으키는 현상이고 푄 현상은 기 압보다는 온도와 습도가 크게 변하는 현상이다.

기상청에서 가장 많이 듣는 기상병에 대한 말이 있다. 바로 그 유명한 격 언, '우리 할머니가 관절이 아프다고 한 날은 비가 오는데 이것이 기상청의 강 수예보보다 낫다'는 것이다. 몸이 느끼는 기압의 변화는 약하기는 하지만 고 산병과 비슷하다. 주변의 기압이 낮아지면 상대적으로 몸 내부 기관들의 기압 은 높아지게 된다. 피부와 가까운 바깥쪽의 기관들은 대부분 금방 주변 기압 에 맞춰 적응한다. 관절은 조금 다르다. 다른 기관에 비해 신축성이 부족한 뼈 와 연골을 둘러싼 관절액이 몸속에 존재하기 때문이다. 상대적으로 다른 기관 보다 적응 시간이 길고, 고기압에서 저기압으로 이동하려는 물체의 보편적인 현상에 따라 관절 내의 액이 바깥으로 나가고자 하는 힘을 갖는다. 약간이라 도 팽창하게 되면 그 근처의 신경을 자극해 통증을 일으키고는 한다. 건강한 사람들에 비해 관절염이 있는 사람일수록 예민하게 느낀다. 관절을 다친 적이 없는데도 기압 변화에 따라 지속적인 자극이 느껴진다면 검사를 받아보는 것 이 좋다. 디스크나 초기 염증의 증상일 가능성도 있기 때문이다. 사람은 자신 이 사는 곳의 변화를 가장 예민하게 느끼기에 저기압이 가져오는 현상에 대한 경험적 예측이 가능하다. 그야말로 국지 예측인 셈이다.

기압의 변화 때문에 생기는 통증은 관절염에 국한되지 않는다. 특히 막 딱지가 앉아 나아가고 있는 상처들이 평소보다 신경 쓰인다면 의외로 기압차가 원인일 수 있다. 우주비행사나 전투기 조종사를 뽑을 때는 몸에 큰 흉터가 없는 것이 한 가지 조건에 들어간다. 그들이 조종하는 우주비행선과 전투기에는 아주 급격한 기압차가 존재한다. 우주비행사는 일반적으로는 상상도 하지 못할 속도로 지구에서 벗어나 우주정거장에 가야하며, 이를 위해 다양한 훈련을 한다. 전투기 조종사의 경우 급강하나 급상승 등 작은 비행기 안에서 자신의 몸을 거의 신경 쓰지 못한 채 전투기의 동체를 움직여야 한다. 기압의 차이를 보정해주는 조종사용 복장이 있지만 그것으로 완벽하지는 않기에 큰 상처나 흉터가 있으면 그 부분이 반복적으로 자극을 받는 경우가 많다.

이렇게 극단적이지는 않더라도 기압이 급격하게 변하게 되면 몸 내부의 압력이 외부와 평형을 되찾기 전까지 약간 높은 상태가 된다. 바깥으로 나가려고 하는 힘의 작용으로 상대적으로 조직이 약한 흉터나 상처의 딱지 부분이 쑤시거나 간지러운 현상이 발생한다. 비가 오는 날 오래된 상처가 아프다고 하는 드라마나 영화의 사례는 모두 과학적인 근거가 있는 이야기였다. 특히 교통사고는 날씨가 궂은날 발생하는 경우가 많으니 정신적인 상처가 함께 느껴지는 경우도 있다. 흔히 몸 내부라고 생각할 수 있는 입 속도 사실은 외부와 닿은 곳에 가깝고 그래서 치통이 생기는 경우도 많다. 엘리베이터를 타고 갑자기 내려가거나 올라갈 때 귀가 먹먹해지는 현상처럼 고막 부근에서 통증이 오기도 한다. 기압 변화가 하루 정도는 유지되는 저기압보다도 태풍이 올 때 이런 현상이 일어날 가능성이 높다. 태풍은 보통 시속 30~50km의 속도를 가지고 있어서 비교적 빠른 속도로 진행되기 때문이다.

또 하나의 유명한 기상병 증상은 바로 유럽, 특히 영국에서 느낄 수 있는 우울증이다. 한국의 사계절을 지내던 사람들이 영국이나 독일처럼 흐리고 비가 적게 자주 오는 국가를 가면 마치 향수병과 같은 우울증을 앓을 때가 있다. 타국의 사람들뿐만 아니다. 영국 사람들 또한 길고 지루하게 이어지는 비와 구름들을 결코 환영하지 않는 것 같다. 볕이 나면 밖으로 피크닉을 가거나 선탠을 하는 광경을 유럽에서는 흔히 볼 수 있다. 그들이 가장 선호하는 휴양지는 날이 맑고 포근한 남쪽의 섬인 경우가 많다. 하루 종일 해의 따스함을 느낄 수 있는 니스 같은 작은 도시들 말이다. 미국도 그리 다르지 않아서 동부 쪽 사람들이 남부의 플로리다로 요양이나 휴양을 가는 경우가 꽤 있다.

기상병, 극복할 수 있을까

기후 때문에 생기는 우울증은 그 나라를 떠나지 않으면 해결할 수 없는 것일까. 대체 왜 우울증이 생기는 걸까. 보통 우울증의 원인으로 '세로토닌'이라는 호르몬을 많이 지적한다. 맛있는 음식을 먹을 때, 햇볕을 받을 때 인간의 몸은 행복 호르몬인 세로토닌을 분비한다. 일조량이 적은 겨울에는 이 호르몬이 적어 우울증을 앓는 사람이 많아진다는 분석도 많다. 빛을 받으며 걷는 것은 가장 손쉽게 세로토닌을 활성화할 수 있는 방법이다. 걸으면 정신 건강 뿐 아니라 육체 건강에도 좋으니 일석이조다. 그래서 우울증 치료를 하는 사람들에게 하루 30분 이상의 산책이 권장되는 것이다. 이것이 힘들다면 태양 광선과 비슷한 효과를 내고 기분전환이 되는 조명을 두는 것도 추천된다고 한다. 주로 기후 때문에 밖으로 나가도 뿌옇거나 꾸물거리는 하늘만 있을 때 사용되는 방법이다. 치료뿐만이 아니라 태양광과 비슷한 느낌의 자연스러운 조명들은 감염병에 대한 우려로 인해 밖에 나가기 힘든 요즘 기분전환을 하는 데에도 적격이다.

우울증, 조울증, 강박장애 등 정신적 질환들과 날씨의 상관관계에 대한 연구는 꾸준히 이루어지고 있다. 변화가 적고 극단적이지 않은 날씨일수록 정신적으로 예민한 사람들에게 스트레스를 덜 준다는 연구도 있다. 기후변화에 따른 연구도 최근에는 적극적으로 진행되고 있다. 최근 한국에서도 기록적인 폭염이 이어지고 여름이 되면 기온이 급격하게 오르는 현상이 자주 발생하면서 더위로 인한 인간의 심리상태에 대한 연구도 늘어났다. 폭염이 이어지는 날씨도, 너무 긴 장마도 기상병의 원인이 될 수 있다. 예전에는 신체적인 반응만을 기상병으로 생각했다면 이제는 정신적인 반응 또한 기상병의 넓은 범위로 들어오는 추세다.

기상병은 느끼지 못하는 사람에게는 '유난이다'라는 말로 일축된다. 그리 예민하지 않은 신체를 지닌 나조차 기상병을 느낄 때가 있다. 10년 전쯤 발가락이 정말 똑 부러진 일이 있다. 계단을 내려가다 발을 헛디딘 것이다. 수술을 하기에도 처치를 하기에도 애매했던 그 발가락은 테이핑 요법만으로 완치 판정을 받았다. 그 후로 날씨가 갑자기 추워지거나 기압이 떨어지는 날씨에는 발의 보온에 더욱 신경 쓰게 되었다. 자다가 쥐가 날 것처럼 쿡쿡 발끝이 시려 오고 은근한 아픔이 계속되는 그 느낌은 겪어보지 않은 사람은 공감하기 힘들 것이다. 머리에서 가장 먼 기관인 발가락조차 이렇게 예민하게 반응하는데 두통이 있거나 다른 곳이 아프다면 얼마나 힘들까.

누구나 아주 조금씩은 날씨에 반응하면서 살아간다. 날씨가 좋으면 어딘가로 떠나고 싶고 더우면 짜증이 나며 바람이 강하게 불면 귀가 먹먹해지는 모든 현상이 사실은 오늘의 날씨에 우리 몸이 적응하고 있는 과정일지도 모른다. 그러니 오늘 저기압이 다가와 내 기분도 뚝뚝 떨어지는 기압처럼 낮아질 때는 조금 더 즐거운 일과 더 행복한 일을 생각하도록 하는 것이 평소의 컨디션을 찾을 수 있는 가장 빠른 방법이다. 저기압일 때 '고기 앞'으로 가야 하는 이유도, 당 충전을 해야 하는 이유도 바로 거기에 있다.

조금 더 재미있는 기상학 정보

국지예측: 일반적으로 기상청에서 사용하는 '국지예측'혹은 '국지예보'라는 용어는 예보업무규정에 나와 있는 정의를 따른다. 기상청 예보업무규정 제3조(정의)에는 "국지예보"란 시·군 등 지역 단위로 한정된 범위에 대하여 행하는 예보를 말한다'라고 나와 있다. 하지만 때로 그보다 더 좁은 범위인 구/읍 단위, 항공기상에서는 공항 인근을 의미하기도 한다. 이렇게 좁은 범위의 예측을 위해 '국지예보모델Local Data Assimilation and Prediction System'이라는 수치모델도 개발되어 있으며 공간해상도가 1.5km정도로 매우 상세하다.

참고 자료

· 「기후변화와 심리적 적응: 심리적 반응, 적응, 예방」(문성원, 한국대기환경학회지, 2016)

· 「날씨와 범죄 발생 간 상관관계 연구」(국성희 외, 한국기상학회 학술대회 논문집, 2016)

· 「계절별 날씨 변화가 신체활동 참여 수준에 미치는 영향」(이용수, 한국웰니스학회지, 2019)

· <본격 장마 시작, 비 오면 찾아오는 '기상병' 5가지>(헬스조선, 2017.6.29)

📍 날씨 변화가 만들어낸 새로운 가전제품들

30년 전 우리 집, 내일의 우리 집

#공기청정기 #가전제품 #일상

30여 년 간 부산의 본가에는 에어컨이 없었다. 도심지 한가운데가 아닌데다 아파트의 위치가 높다보니 창문만 열어도 충분히 시원했고 휴가 때를 제외하면 가장 더운 한낮에 모두 공부하랴 일하랴 집에 사람이 없기도 했다. 한창 예민할 고등학생 시절에도 집에서 덥다는 기분을 느껴본 일이 많지 않은 것 같다. 하지만 지금, 내가 살고 있는 집에는 여름마다 에어컨을 틀지 않으면 견디기 힘든 더위가 1년에 열흘 정도는 찾아온다. 어린 시절의 기억과 뒤섞여 더위에 대한 감각이 별로 없는 나와 달리 부모님은 확실히 여름의 더위가 점점 심해지는 것을 느낀다고 하셨다.

우리 집 뿐만이 아니었다. 부산에는 에어컨이 없는 집도 꽤 많았다. 산을 깎아 만든 동네가 많은 만큼 아침저녁으로 바람이 많이 불었다. 이런저런 이야기를 하다 에어컨 이야기가 나오면 최근, 그러니까 2018년 이후에 에어컨을 장만했다는 이야기가 자주 나온다. 최근에는 더위에 견디기가 힘들어졌다고. 기상에 관한 기억이 사람들의 가전까지 바꾸는 모습은 이제 흔하다.

10년 전, 캐나다에 유학 갔을 때의 일이다. 다양한 문화 차이가 있었지만 가장 어색했던 것은 빨래를 할 때였다. 한국처럼 빨랫줄이나 간이 빨래 건조대가 설치되어 있는 곳이 거의 없었다. 미국과 캐나다가 유독 그랬던 것 같다. 내가 살던 곳은 캐나다에서도 5월까지 일상적으로 눈이 오는 도시였다. 빨래를 바깥에 말려 놓으면 까마귀나 새들이 가져가는 일도 종종 있었고, 겨울에는 빨래가 꽁꽁 얼기도 했다. 대부분의 가정에는 세탁기와 더불어 빨래 건조기가 설치되어 있었다. 지금 한국의 가정에서 많이 설치하는 세로 쌓기는 아니었고, 가로로 배치하는 형태로 말이다. 건조기를 쓰면서 뽑아 쓰는 섬유유연제도 처음 사용해 보기도 했다.

기후변화에 대한 공부를 할 때마다 언젠가는 우리나라에서도 햇볕 냄새가 나도록 빨래를 말릴 수 없는 날이 올지도 모른다는 생각이 들었다. 10년이 흐른 지금 빨래건조기는 신혼 필수 가전으로 널리 알려져 있다. 2020년 여름의 긴 장마와 더불어 봄철과 가을철의 미세먼지 또한 건조기의 필요성을 일깨운 현상들이다. 이전까지는 빨래를 너는 것이 가사 노동의 일부였다. 여름철 장마로 인해 마르지 않는 빨래는 건조기가 없는 사람들에게는 늘 스트레스였다. 장마철만 되면 '꿉꿉한 냄새'를 없애주는 탈취제나 물먹는 하마와 같은 제습제의 판매지수가 올라가는 것 또한 비슷한 개념이다. 건조기를 사용하면 보송보송하게 마른 수건과 옷들이 한 두 시간 안에 나온다. 날씨에 상관없이 항상 일정한 상태로 나오는 빨래는 개어서 정리하기만 하면 될 정도다. 전기나 물 사용량, 기능에 대한 소소한 논의는 있지만 편리하다는 것에는 다들 동의한다.

건조기의 종류는 세탁용 말고도 여러 가지가 있다. 도시에서 '건조기'는 주로 빨래건조기를 의미하지만 농촌에서 건조기는 대부분 식품을 말릴 때 사용한다. 그리고 그 중 큰 비중을 차지하는 것이 고추건조기이다. 고추뿐만 아니라 곶감을 비롯한 건조식품을 만들 때 건조기를 사용할 때가 많다. 햇볕에 농작물을 말리다가도 비가 와 젖어 버리면 상하는 것이 순식간이기 때문이다.

도시에서도 수확한 고추를 검은 천 위에 널어 말리는 일이 종종 있다. 공기 중에 미세먼지가 가득하고 비가 오는 날이 계속되면 농사꾼의 마음은 초조해진다. 식품건조기는 넓은 마당을 필요로 하지도 않는데다 마른 식품들의 상태를 균일하게 해주기도 하여 농촌 지역에서는 널리 쓰인다. 물론 가정용 식품건조기도 가정에서 드물지 않게 보인다. '습기' 때문에 마련한 가전들은 이 뿐만이 아니다.

사실 장마철 필수 가전에 건조기보다 더 일찍 발을 들인 제품은 바로 제습기였다. 몇 년 전 '욕을 시원하게 하는 이미지'로 유명한 두 연예인이 주인공이었던 광고가 등장했다. 마르지 않는 빨래와 습한 공기에 시청자 대신 화를 내주는데 시원한 사이다를 들이킨 기분이었다. 그들이 광고하는 제품의 이름도 보송보송하게 공기를 만들어 준다는 느낌을 물씬 풍긴다. 제습기는 공기 중의 물을 차가운 물건, 예를 들면 얼음이 담긴 유리컵 주변에 물방울이 생기는 응결현상의 원리를 이용해 공기 중의 물을 응결시킨다. 그 원리는 사실 에어컨과 같다. 에어컨의 원리가 냉매를 이용해 차갑게 만든 공기를 팬을 통해 실내에 뿌려주는 것이기 때문이다. 정확하게 말하면 제습기는 에어컨의 원리를 역으로 이용한 제품이다. 제습기를 이용했을 때 집안의 온도가 올라가는 이유는 습기가 가득한 공기를 받아들여 물방울을 응결시켜 만든 차가운 공기를 뜨겁게 가열하여 건조한 상태로 내뿜기 때문이다. 즉, 뜨겁고 건조한 상태로 만들지 않은 차가운 공기가 나가면 에어컨이 된다.

종종 사람들이 말하는 '제습기를 사용했는데 왜 전기료가 많이 나올까?' 하는 의문에도 이 원리를 생각하면 쉽다. 에어컨을 사용하는 것이나 다름없기 때문이다. 원리가 같으니 에어컨에 제습 기능이 포함되어 있는 경우가 많다. 하지만 사람들은 여름이 되면 제습기를 돌린다. 특히 해안에 위치한 도시에서 살아본 사람이라면 '에어컨은 없어도 제습기는 필요하다'라는 의견에 동의할 것이다. 끈적끈적 달라붙는 바닥과 쉬지 않고 세를 불리는 곰팡이에게서 잠시

나마 벗어날 수 있는 것은 모두 제습기 덕분이다. 하루 동안 제습기를 작동시켜 놓으면 물통이 가득 차는데, 본의 아니게 공기 중의 포화수증기량에 대해 생각해보는 시간을 갖기도 했다. 어제 집안 온도는 몇 도였고 습도는 몇 퍼센트였으니 습기를 얼마나 제거해 주었는지, 하는 간단한 계산 말이다. 특히 건조기가 없는 집에서 여름에 빨래를 잘 말릴 수 없을 때는 제습기가 필수다. 여름이라 얇은 옷을 세탁해야 하는 경우가 많은데 제습기나 건조기 둘 중 하나라도 없다면 옷에서 쉰내가 날 때가 많다. 제습제나 탈취제도 미봉책일 뿐이다. 이럴때면 기상 현상을 만드는 중요한 요소인 수증기가 귀찮아지기도 한다.

에어컨이 온도, 건조기와 제습기가 습도 때문에 만들어진 가전제품이라면 공기 중의 오염 때문에 만들어진 가전도 있다. 바로 공기청정기다. 중국에서 상층기류를 타고 우리나라까지 배달된 미세먼지는 물론이고 한국의 도심과 공장에서 발생한 미세먼지, 집안에서 발생하는 미세먼지를 공기청정기는 깨끗하게 만들어 준다. 과거라면 공기를 청정해야할 필요가 있는지부터 논의가 되었을지도 모르겠다. 미세먼지 마스크가 일상화되고, 매캐한 매연 속에서 눈이 따갑거나 목이 칼칼했던 경험이 있는 사람들에게 공기청정기는 내가 활동하는 공간만은 마음껏 숨 쉴 수 있게 해 주는 필수 가전에 속한다. 공기청정기가 가정으로 들어올 수 있게 된 것은 미세먼지를 감지하는 센서가 소형화 된 것과 각종 먼지 필터의 가격이 낮아진 이유가 가장 클 것이다. 사무실이나 가게는 물론이고 차량용, 실외용까지 개발되어 있다. 깨끗한 공기에 대한 사람들의 열망을 잘 알 수 있는 대목이다.

쾌적하게 살기 위해서 인간은 이제 자신이 살고 있는 환경을 바꾸고 있다. 지난 몇백만 년간 인간을 비롯한 대부분의 생물들은 환경이 바뀌었을 때 서식지를 옮겼던 것과는 전혀 다른 방식으로 살아가는 것이다. 해마다 변화하는 기후를 체감하고 있는 요즈음, 가정 내의 공기가 아니라 도시 내의 공기를 바꿀 '도시 가전'이 나오지 않을까 하는 생각도 든다. 도시 전체를 거대한 온실처럼 만드는 공상과학영화나 소설도 여럿 나와 있다. 사람들은 또 다른 집의 형태를, 가전제품을, 삶의 방식을 만들어 낼 것이다.

　시대마다 새로운 관점을 가진 가전제품이 늘어나는 것을 보면서 조금 위기감이 들기도 한다. 당장 여름에 에어컨이 없다는 생각만으로도 불안해진다. 우리나라만의 문제는 아니다. 오랫동안 더웠던 나라에도 주요 건물에는 대부분 에어컨이 들어왔다. 추운 나라에는 다양한 방식으로 난방을 하는 방법이 있으며, 10년 전 내가 느꼈듯 세탁을 위한 가전은 이미 일상화 되어 있었다. 인간은 어쩌면 가전제품의 도움이 없이는 살아갈 수 없게 된 것인지도 모른다. 변화하는 지구에 적응하는 것이 아닌, 인간이 살기 좋은 환경을 인위적으로 만들어내고 있는 가전을 당장의 편의성에 의해 사용하는 것보다 정말로 필요한지 깊게 생각해 보아야 할 시기가 온 것 같다.

겨울 산이 하얗게 물드는 날들

#상고대 #눈꽃 #겨울 산행 #겨울 날씨

겨울에 한라산이나 설악산 등반을 해 본 사람이라면 그 화려한 눈꽃에 시선을 빼앗기기 마련이다. 그 두 산뿐만 아니라 다른 여러 산들도 마찬가지다. 산이 많은 우리나라에서 겨울을 즐기는 가장 좋은 방법 중 하나가 겨울 산행인 이유도 아름다운 겨울 산의 모습을 즐길 수 있기 때문이다. 겨울이 오면 세상을 하얗게 덮는 눈꽃은 언제나 사람들의 눈을 사로잡는다. 사진을 봐도 충분히 아름답지만 직접 보는 것에는 조금 못 미친다. 자신을 제외한 모든 것이 희게 물들어 있는 눈산을 걷고 있노라면 길을 잃을 것 같기도 한 막막함까지 느껴진다.

각종 신기한 기상 사진이나 기후변화와 관련된 사진을 볼 수 있는 기상 사진전에서도 나무를 하얗게 뒤덮은 상고대나 눈은 매년 출품되는 좋은 소재이다. 쨍하게 파란 하늘 아래에 눈으로 빚어낸 나무들을 보고 있으면 자연의 경이로움을 느낄 수 있다.

흔히 나무나 풀 위에 짙게 낀 서리나 언 눈을 눈꽃이라고 말한다. 기상학적으로 쓰이는 정식 명칭은 아니지만 눈이 만들어낸 꽃이라는 의미를 가지고 있다. 눈꽃은 커다란 눈송이나 눈이 쌓인 모습을 두루두루 일컫는 말로 자주 쓰이며 주로 '눈꽃이 피다' 라고 표현한다. 우리나라 밖에서는 찾아보기 힘든 표현이다. 영어로 'snow flower'를 검색하면 유명 가수의 노래가 가장 먼저 나오거나 눈송이 같은 모양을 한 꽃이 가장 많이 나온다.

가장 가까운 나라인 일본어로 검색해도 마찬가지다. 일본어로 雪花를 검색해보면 주로 꽃처럼 커다랗게 내리는 눈송이(주로 함박눈) 눈송이라고 나온다. 중국어도 그리 다르지 않다. 대체로 눈을 아름답게 이르는 말로 '눈꽃'이라는 단어가 쓰이고 있었다. 여담이지만 일본 유명 가수인 나카시마 미카의 〈눈의 꽃雪の華〉은 제목에서 알 수 있듯 일반적인 꽃 화花를 쓰지 않고 빛날 화華를 썼다. 빛날 화華자는 花의 본디 글자로 '꽃'이라는 의미로도 자주 쓰인다. 일반적으로 꽃가루나 종이 가루가 흩날리는 모습에 대한 의미도 담고 있기에 눈이 화려하게 흩날리는 모습을 이중적으로 담고 있는 것으로 해석되기도 한다.

프랑스어와 스페인어 사전에서 '눈꽃'을 찾아보면 '얼힌 눈' 같은 설명적인 단어가 주로 나온다. 세상의 모든 것을 명사로 만든다는 독일어는 슈니블룸Schneeblume라는 단어가 눈꽃이라는 것을 표현한다고 한다. Schnee는 눈, blume는 꽃이나 화초를 표현하는 단어라 신기하게도 한국어와 비슷한 표현을 사용한다. 다른 나라의 예를 보아도 나무에 내려앉은 눈이나 서리를 눈꽃으로 표현하는 나라는 많지 않다.

'눈꽃이 피다'의 주인공인 눈꽃은 원리가 두 가지 정도로 나누어진다. 하나는 그야말로 눈이 내려서 나무 위에 쌓인 후 딱딱하게 얼어붙어 있는 것이다. 산 정상에서 눈이 온 후 기온이 급격하게 내려갈 때 이런 현상이 자주 발생한다. 이럴 때는 바람의 방향에 따라 한쪽에만 눈이 몰려있기도 하고 나무를 아예 튜브처럼 덮기도 한다. 어떤 형태든 높은 고도의 기온이 낮은 곳에서는 겨우내 유지된다. 지상에서도 눈이 내리고 나서 쌓인 눈이 햇살에 녹기 전까지 나무를 하얗게 물들인 풍경을 볼 수 있다. 지상에서 만들어진 눈꽃은 산간 지역보다 기온 변화가 심하기 때문에 지상 기온이 0~4도 정도로만 올라도 빠르게 녹아버린다.

덕유산이나 강원 산간은 눈꽃으로 유명한 곳들이다. 한반도 서쪽과 동쪽의 눈꽃은 서로 다른 원인으로 만들어졌다. 서해안에서 밀려들어오는 적운 덩어리들이 덕유산 인근에서 정체하며 눈을 많이 뿌리면 덕유산의 아름다운 설경이 만들어진다. 강원 산간은 동해상에서 불어오는 북동풍에 의해 눈이 내리는 기상 현상이 바탕이다. 한라산 또한 겨울 눈꽃으로 유명한데 바다 한가운데 있는 섬이다 보니 다양한 원인으로 눈이 내린다. 해변에는 비가 내리고 산간에는 눈이 내리는 겨울이 제주에서는 꽤 흔하다. 이렇게 쌓인 눈으로 인한 눈꽃은 새하얗고 화려하게 온 산을 뒤덮는다.

그 눈꽃의 절정을 느낄 수 있는 시간은 아침과 저녁, 바로 해가 뜨고 지면서 주홍색의 빛으로 물들 때다. 단풍이 든 것도 아닌데 본디 흰색이었던 눈은 햇빛을 반사해 주변을 온통 주홍빛 세상으로 만든다. 눈꽃과 함께 보는 운해도 멋지다.

눈꽃이라고 부르는 또 하나는 우리가 흔히 이야기하는 상고대 현상이다. 상고대 현상은 자세히 보면 눈꽃이 핀 것과는 조금 다른 형태를 하고 있다. 눈이 딱딱하게 굳어서 만들어진 것과는 쌓인 눈의 결이 다르다. 상고대의 원리는 서리 현상이라 그 원리를 알기 위해서는 물이 특이하게 어는 과정인 서리 현상을 알아야 할 필요가 있다.

겨울의 시작을 알리는 서리

서리는 대기 중의 수증기가 승화 작용에 의해서 지면이나 지상의 물체에 얼음 결정체가 붙어 있는 현상이다. 결정체 모양에는 비늘 모양, 바늘 모양, 새털 모양, 부채 모양 등이 있다. 이 중 주목해야 할 부분이 '승화' 작용이다. 이슬이 내리거나 비가 내리는 현상과는 다르게 승화는 공기 중에서 보이지 않게 떠다니던 수증기가 0도 이하의 온도를 갑자기 만나 물이 될 틈도 없이 얼음이 되어버리는 과정이다. 이 과정에서 생기는 얼음은 물이 얼어 만들어진 것과는 다르게 결정체가 아주 작다. 그런 결정체가 모이다 보니 구름과 눈처럼 흰색으로 만들어지는 것이다.

내륙지방에 짙게 내린 서리. 붉게 물든 남천 나무 위에
테두리를 두른 것처럼 아름다운 광경을 연출한다.

일교차가 심한 날에도 농사를 지어야 하는 한반도에서는 언뜻 단순해 보일 수 있는 서리 현상도 구분해야 한다. 일반적으로는 된서리(아주 세게 내린 서리), 무서리(초겨울 즈음 묽게 내리는 서리), 늦서리(봄에 늦게 내리는 서리) 등 생성된 강도나 생긴 시간에 따라 나누어 쓴다. 서리라는 현상 자체가 농작물에 끼치는 영향이 많기 때문인지 농사꾼들의 이야기를 조금만 들어도 서리를 굉장히 중요시한다는 것을 알 수 있다.

기상학적으로는 서리, 서릿발, 무빙霧氷, rime으로 나뉜다. 이 중 상고대(다른 말로 수상樹霜, air hoar)가 바로 무빙 현상의 한 종류이다. 많은 사람들이 상고대를 한자라고 생각하지만 국립국어원에 따르면 상고대는 '산고ㄷ+아래아+ㅣ'라는 단어로 17세기의 『역어 유해譯語類解』라는 책에서부터 쓰였다고 한다. 19세기 초, 기존 단어 음운 변화가 이루어져 혼용되었고 20세기에는 상고대라는 단어가 정착했다. 다만 어원 정보가 확실하지는 않기 때문에 몇 년 전에는 상고대의 상이 '서리 상霜'인 것으로 오해해 인터넷에서 단어 퇴출 운동이 일어나는 해프닝도 있었다.

상고대는 일반적으로 습도가 높고 야간 기온이 매우 낮으며 바람이 적당히 불 때 생긴다고 한다. 현재까지 가장 잘 알려진 생성 배경으로 무려 20년도 더 전인 1995년 광주 무등산의 상고대에 대한 연구를 한 광주 문흥초등학교 학생들의 결론이 가장 유명하다. 전국과학전람회 학생부 대상을 받았다고 하는 그 조건은 습도 90% 이상, 야간기온 영하 6도 이하, 풍속은 초속 3m 이상이라고 한다. 다만 최근에는 상고대에 대한 깊은 연구가 크게 이루어진 경우는 드문 듯하다.

이제는 기상학적으로 명확하게 정의 된 단어이지만 아직까지도 상고대라는 단어는 종종 나무에 눈이 내린 모습과 혼용해서 쓰인다. 해발고도가 높은 지형에서는 다양한 기상 현상이 혼합되어 일어나는 경우도 종종 있다. 눈이와 눈꽃이 핀 상태에서 바위에 상고대가 생기거나 상고대 위에 눈이 내려 쌓이는 일도 드물지 않다. 어떤 현상이든 봄과 여름엔 초록으로, 가을에는 단풍으로 물들었던 산이 겨울에 희게 물드는 모습은 등산객들의 감탄을 자아내게 만든다. 기상학자로서 기왕이면 정확한 용어를 적재적소에 써 준다면 좋겠지만 단어가 틀리면 어떤가. 있는 모습 그대로 자연의 아름다운 현상을 즐기는 것이 더 중요할 때가 많다.

참고 자료

- 『지상 기상 관측 지침』(기상청, 2016)

- 「무등산 상고대 연구」(광주 문흥초등학교, 제41회 전국과학전람회 수상작, 1995)

- 국립국어원 https://www.korean.go.kr

제4부

제비가
낮게 나는 이유

어쩌면 세상에서 기상 변화를
가장 늦게 깨닫는 것은 사람들이 아닐까?
예보를 믿기 힘들다면
새들과 곤충의 하루를
살펴보는 시간을 가져보면 어떨까.

새들이
날씨를 아는 법

#동물의 왕국 #기상변화 #속담

새들은 날씨를 가장 민감하게 느끼고 행동하는 동물이다. 하늘을 날아야 하니 비나 바람이 불면 힘들 것이고 깃이 젖으면 무게가 늘어나 비행을 하기 힘들 것이다. 높이 나는 새도 낮게 나는 새도 기상 현상에 따라 다양한 활동을 하다 보니 이에 대한 속담도 많다. 우리나라에 알려진 속담은 까치와 제비에 관한 것들이 대부분인데, 옛날부터 까치와 제비가 많기도 했고, 두 개체가 특히 사람과 어울려 살아가는 새이기 때문일 것이다.

요즈음은 제비를 보기가 힘들어졌지만 내가 어렸을 때만 해도 골목마다 제비집을 흔히 볼 수 있었다. 처마가 있는 집에는 어디서나 제비가 세들어 살았다. 콘크리트로 만든 이층집이라고 해도 다르지 않았다. 작게 그늘진 곳만 있으면 제비집은 물론이고 봄마다 삐약거리는 새끼 제비들이 이집 저집에서 웃음을 자아내고는 했다. 봄에서 여름으로 가는 길목 내내 엄마 제비와 아빠 제비는 아기 제비들에게 먹일 벌레를 잡아 나른다. 그래서일까, '비가 오면 제비가 낮게 난다'는 속담은 하루 종일 먹이 활동을 해야 하는 제비의 바쁜 일상을 담고 있다. 제비의 주식인 곤충들은 몸의 대부분이 딱딱하고 마른 단백질로 되어 있다. 또한 곤충이 날기 위해서는 단백질로 이루어진 근육의 수축이 필요하고 이는 대기 중 습도의 영향을 받는다. 대기가 습해지면 높이 날지 못한다. 저기압이 다가오고 대기가 습해지면 어둡고 축축한 곳을 좋아하는 곤충들이 그늘에서 나와 활동하는데, 그럴 때면 이런 녀석들을 사냥하는 제비도 덩달아 낮게 날 것이다.

반대로 높게 나는 경우의 속담도 있다. 이 속담은 저기압의 상승기류를 타고 올라가는 제비를 보고 만든 것이 아닐까 예상한다. 혹은 제비와 날개가 비슷하게 생긴 칼새일지도 모르겠다. 칼새는 새끼를 기를 때를 제외하고는 공중을 계속 날아다닌다. 오죽하면 10개월 동안 나뭇가지나 땅에 발을 대지 않고 살아가기도 한다. 특히 공중에 상승기류가 생기면 칼새들의 먹이인 곤충들 또한 그 기류를 타고 상층으로 올라가 배를 채우는 모습을 볼 수 있다. 두 새는 몸 크기가 비슷하고 한반도에서 여름을 나는 새이기 때문에 멀리서 보면 비슷하기도 하다. 제비는 유연하게 날 수 있기 때문에 상승기류를 이용해서 높은 고도까지 올라가는 일은 칼새보다는 적을 것이다. 혹은 먹이를 공유하는 두 종류가 여름 저기압의 힘을 빌려 함께 사냥을 하는 모습을 본 사람들이 같은 종류라 오해했을지도 모른다. 상승기류가 강하게 형성되면 그 지역에 대류운이 발생해 폭풍우가 찾아올 가능성이 높다. 새의 이동을 보고 공기의 흐름을 읽어낸 과학적인 속담인 것이다.

외국 기상학자들은 칼새가 먹이를 먹는 모습을 찾아다니기도 했다. 조류학자가 아닌 기상학자와 새가 무슨 연관이 있을까 싶지만 기상 관측 장비가 발달하지 않았던 과거에는 칼새가 중요한 관측 장비나 마찬가지였다. 칼새는 보통 50~100m 상공에서 먹이 활동을 하는데 공중에 날아다니는 잠자리나 하루살이 같은 벌레가 주식이다. 난기류나 상승기류가 발생해 벌레들이 공기의 흐름에 의해 1km 가까이 상승하면 그에 맞추어 칼새 무리가 모여든다. 하늘 높은 곳에서 새들이 벌레 무리를 둘러싸고 있다면 상승기류를 이용해 포식하는 중일 가능성이 높다. 맨눈으로 고층에서 나타나는 기상 현상을 간접적으로 관측할 수 있는 것이다.

새가 나는 모습뿐만 아니라 집을 짓는 모습을 보고 생겨난 속담도 있다. '제비가 집을 허술히 지으면 큰 바람이 없다'는 것이다. 기상 상태에 민감한 제비가 집을 꼼꼼히 짓지 않는 이유는 그 해의 기상을 예견한 것이라는 추측에서 나온 속담이다. 정말로 그것이 가능했다면 아마 기상청은 존재 이유가 없을 것이다. 거대한 제비집 터에 기상 모델 대신 제비집을 짓도록 했을 것이다. 안타깝게도 제비가 집을 허술히 지을 수밖에 없는 이유는 기상을 예견한 것보다는 시간적, 물리적 이유가 크다고 한다. 짝을 늦게 찾은 제비는 새끼를 기를 집을 지을 시간이 모자라고, 급하고 허술하게 지을 수밖에 없다. 또한 근처에 재료로 쓸 풀이나 나뭇가지, 진흙이 모자라다면 집이 허술해지는 것은 마찬가지다. 이런 조건이 아닌데도 허술하게 지었다면 정말로 제비가 기상 상태를 예측한 것일지도 모른다.

제비와 칼새. 제비와 칼새는 비슷한 형태의 새지만 조금씩 다르다.
제비는 참새목 제비과, 칼새는 칼새목 칼새과로 나누어진다.(출처: 위키미디아)

집 짓는 모습을 쉽게 볼 수 있는 새가 또 있다. 바로 까치다. 까치는 명실 공히 한국의 대표 새라고 할 수 있다. 텃새이기도 하고 워낙 까치에 대한 이야기가 많기도 하다. 특히 까치가 지어놓은 집의 위치를 보고 생긴 말들이 많다. 집을 낮게 지으면 태풍이 잦을 것이라든지, 반대로 높이 지으면 나쁜 기상이 없어 풍년이 들 것이라든지. 북쪽으로 까치가 입구를 내면 날이 좋지 않을 것이라는 속담도 있는데, 이리저리 짜 맞추어 봐도 도무지 의미를 알 수가 없다. 혹시 조류 전문가 중에 위 내용에 대해 아는 분이 있다면 꼭 고견을 청하고 싶다. 까치와 제비뿐이랴. 참새에 대한 속담도 있다. 참새는 전봇대 끝의 구멍이나 홈통 등 눈에 잘 띄지 않는 곳에 집을 짓는다. 습한 곳에는 집을 짓지 않다 보니 '참새가 지붕 홈통에 집을 지으면 가뭄이다'라는 속담도 생겼다. 보통 비가 자주 오면 홈통에는 물이 조금씩 고여 있기 마련인데 집을 지을 수 있을 만큼 건조한 것은 가뭄 때문이라는 의미이다.

그 외에도 '까치나 참새가 울면 맑은 날' 같은 속담도 있다. 실제로 새들의 상세한 습성을 알 수 없으니 증명할 수가 없는 속담이다. 다만 까치나 참새는 대표적으로 건조하고 맑은 날을 좋아하는 새라 날씨가 나쁘면 그늘에 숨어 비가 그치기를 기다리니 이 또한 믿을 만한 이야기이기는 하다. '산 속 새소리가 잘 들리면 비 올 징조'라는 속담도 있는데 높은 곳이나 산에서 우는 새소리가 산 아래의 사람들에게 잘 들리는 것은 과학적인 근거가 있다. 비가 올 수 있는 날이면 대기 중의 습도는 분명히 높을 것이고 습도가 높으면 공기 분자의 사이는 더 가까워진다. 이럴 때에 먼 곳에서 소리를 내면 공기 분자들이 진동하고 습도로 인해 공기의 밀도가 올라가 있어, 평소라면 들리지 않았을 소리가 산 아래까지 내려올 수 있다.

이렇듯 새와 날씨를 함께 묶은 속담은 지역에서 전해 내려오는 것을 포함해서 여러 가지가 있다. 자연의 모습에서 기상학적 지식을 쌓아나갔던 옛사람들의 노력이 느껴지기도 한다. 새는 하늘을 나는 만큼 공기의 흐름을 이용하는 경우가 많다. 앞서 이야기했던 칼새의 경우 6개월에서 10개월간 공중을 날아다닌다고 한다. 20g 정도 밖에 안 되는 가벼운 몸은 몸길이의 2배가 넘는 날개의 도움을 받아 최대 시속 170km로 날 수도 있다. 기류를 타면 시속 300km까지 이동했다는 보고도 있지만 확실치는 않다. 낮 동안 지면 가열에 의해 상승하는 공기층을 타고 상승이동을 하다가 해가 지면 서서히 활강하는 생활을 평생 동안 한다.

칼새뿐만 아니라 활공비행을 할 수 있는 대부분의 새들은 기류를 읽고 나는 법을 잘 알고 있으며 마치 몸에 나침반이 달린 것처럼 자신의 목적지로 향한다. 특히 날개를 펴면 몸길이가 최대 3~4m 정도(몸길이는 90cm 정도) 되는 알바트로스(신천옹)는 거대한 날개와 상대적으로 가벼운 몸을 비행에 효율적으로 이용한다. 거대한 날개를 이용하여 물에서 노를 젓듯 바람을 저어가며 하늘을 누비고 빠를 때는 시속 120km까지도 날 수 있다. 높이 날기 때문에 멀리서 보면 갈매기와 비슷하게 보이기도 한다.

새들은 그 어떤 생물보다 하늘과 가깝게 살고 있다. 그러니 주의 깊게 새들의 삶을 관찰하면 하늘의 상태도 알 수 있다. 높은 곳에서 멀리 보며 하늘을 나는 새들을 오랫동안 관찰해 온 사람들은 어쩌면 그 새들을 자신만의 레이더, 위성으로 여겼을지도 모르겠다. 오늘날에는 원격관측 시스템이 워낙 잘 갖추어져 있고 위성의 해상도도 좋아졌지만 때때로 새들의 움직임을 보고 있자면 기상예보를 보지 않고도 '오늘은 비가 오려나?' 하는 생각을 하게 된다. 자연이 만드는 거대한 흐름을 본능으로 읽는 새들이 존경스럽다.

참고 자료

· 『선생님들이 직접 만든 이야기 새도감』(윤무부 외, 교학사, 2015)

· <새들의 세계(The Life of birds)> 2부 - 비행 미스테리(The Mistery of Flight)(BBC 다큐멘터리, 2010)

냇물에는 미꾸라지가, 지구에는 태풍이

#태풍 #대기대순환 #열대저기압 #열대 요란

미꾸라지 한 마리가 개울을 흙탕으로 만들어 놓는다는 속담은 흔히 좋지 않은 의미로 쓰인다. 깨끗한 물을 더럽히는 존재로 여겨지기 때문이다. 하지만 현실은 조금 다르다. 미꾸라지가 만드는 흙탕물은 고여 있던 바닥의 물과 가라앉아 있던 흙을 섞어주면서 물이 썩지 않게 도와준다. 고인 물은 아무리 깨끗해도 썩기 마련이다.

물만 그런 것이 아니다. 사람도 흙도 공기도 모두 정체하고 있으면 어딘가 고장 나게 된다. 사람은 변화하지 않으면 주변과 어울릴 수 없고 흙은 썩어버린다. 공기는 눈에 보이지 않지만 한 곳으로 에너지가 몰리면 더운 곳은 더워지고 추운 곳은 추워지는 악순환이 반복될 것이다. 태풍^{颱風, Typhoon}은 이렇게 불균형해진 공기를 섞어주는 지구의 강력한 처방전이다.

한반도에 태풍이 찾아오는 시기는 대부분 7월에서 10월 사이이다. 장마철이 끝나고 북태평양 고기압의 영향을 받는 시기에 태풍도 손님처럼 문을 두드린다. 5월에 영향을 미친 경우는 최근 30년 동안 2003년 단 한 번이었고 6월은 그보다 많은 편인 13번이다. 7월이 되면 본격적으로 영향을 미치기 시작한다. 10월에 영향을 미친 경우도 급격하게 줄어들어 최근 30년 동안 4번 정도에 불과했다. 하지만 열대 저기압이 태풍급(한반도 분류 기준: 중심 부근 최대풍속 초속 17m 이상)으로 성장하는 것은 꼭 여름에만 일어나는 일은 아니다. 1월부터 12월까지 빈도는 차이가 있지만 꾸준히 발생하곤 한다. 그렇다 보니 태풍을 감시하는 세계의 기상 기관들(일본: 열대 저기압 주의보 센터^{Tropical} ^{Cyclone Advisory Center}, 한국: 국가태풍센터, 다른 나라에도 여러 기관이 있다)은 일년 내내 열대 저기압의 이동과 그 일생에 신경 쓸 수밖에 없다. 특히 필리핀, 괌 등 근처 해역에서 태풍이 많이 발달하는 곳은 농담 삼아 '우리의 최대 수출 제품은 바로 태풍'이라고 하기도 한다.

가장 더운 적도에서 조금 위쪽이나 아래쪽인 남북위 5~20도쯤 되는 저위도 구역에서 지구가 도는 힘이 작용하기 시작한다. 코리올리 효과^{Coriolis effect}다. 지구가 도는 자전의 힘은 저기압성 회전(북반구에서는 반시계 방향, 남반구에서는 시계 방향)을 만드는 원인인데 적도에서는 이 힘의 적용을 받지 못하기 때문에 저기압성 회전이 발달하지 못한다. 태풍의 씨앗들이 뿌려지는 곳은 주로 저위도 구역이지만 최근에는 지구 온난화의 영향으로 위도 20도 부근의 높은 위치에서 시작되는 경우도 있다. 그리고 그 씨앗을 키우는 양분이 바로 25~26도의 따뜻한 해수와 많은 양의 수증기이다.

태풍의 새싹은 열대 요란^{Tropical Disturbance}부터 시작한다. 열대 요란은 중심 부근의 최대 풍속이 초속 11m 이하일 때를 의미한다. 해마다 해수면 온도가 높은 곳에서 수많은 열대 요란이 발생하지만 실제로 태풍으로 발달하는 열대 요란은 그중 극히 일부이다. 태풍이 되기 전에도 단계별로 나뉘어 용어를 다르게 사용한다. 태풍(열대 북서태평양에서 발생하는 것, 주로 필리핀 동쪽 해양)은 1년에 20~30개 정도가 생겨나고 태풍의 전 단계인 열대저압부^{Tropical} ^{Depression, 중심 부근 최대풍속 초속 11~17m}가 그 두 배 정도인 40~60개 정도이다. 그러니

열대저압부보다도 약한 열대 요란이 얼마나 많이 생기는지 세는 의미가 없을 정도다. 북서태평양에서 발생해서 동아시아에 영향을 미치는 태풍만 해도 이런데 같은 원리를 가진 사이클론(인도양과 남태평양 지역에서 부르는 이름)과 허리케인(북대서양과 북동태평양 지역에서 부르는 이름)을 합하면 그 양은 더 많을 것이다.

공기가 뜨거워 항상 상승기류가 있는 적도 주변의 공기는 늘 불안정한 상태이다. 더운 지방에서 스콜squall이라고 불리는 소나기가 자주 내리는 이유도 그 때문이다. 이 불안정한 상태의 공기가 코리올리 효과에 의해 저기압성 소용돌이 형태로 회전을 시작하면 열대 요란이 생긴다. 이 열대 요란의 중심에서는 공기가 회전하며 수평적으로 수렴하면서 중심의 가장 안쪽 부근인 가운데에 몰리던 공기가 빠져나가기 위해 상승을 계속한다. 상승하는 공기는 수증기를 풍부하게 머금은, 열대 해상의 덥고 습한 성질을 가지고 있다. 이 공기가 상승하면서 단열 냉각을 통해 수증기가 응결하고 그 속에 숨어 있던 에너지를 방출한다. 이렇게 방출된 에너지는 열대 요란 전체의 온도를 올릴 수 있게 된다. 공기 덩어리가 가열되면 주변보다 온도가 높아지므로 상승하게 된다. 이 과정을 반복한다면 거대하고 많은 에너지를 품은 구름 덩어리로 성장할 것이다. 그렇게 성장한 열대 저기압이 태풍만큼 강해지기 위해서는 물리적 원리가 필요하다. 바로 각운동량이라는 개념이다.

각운동량은 물체에 다른 작용하는 힘이 없다면 물체가 가지는 각운동량이 보존된다는 법칙이다. 각운동량은 중심으로부터의 거리(R)와 접선 속도(V)로 이루어져 있으며 그 값이 일정하다는 개념이다. 즉 지금 열심히 돌고 있는 저기압의 가운데로 갈수록 R이 줄어들기 때문에 반대로 V는 상승하니 중심 부근의 풍속이 더욱 강해지는 것이다. 풍속이 강해진 중심 부근은 더 많은 수증기를 끌어올릴 수 있게 되고 더 많은 에너지를 공급받는다. 끌어올린 수증기로 더 커다란 저기압성 회전을 만들 수 있는 힘을 받으면 중심 부근 또한 각운동량 보존법칙에 따라 속도가 더 빨라질 것이다. 가만히 한 자리에 있는 것도 아니다. 태풍도 구름 덩어리의 일종이라 대기대순환에 의해 보다 거대한 바람의 흐름을 타고 이동한다. 북반구를 예로 들면 위도 30도 부근까지는 편동풍을 타고 움직이다가 30도 부근에서 편서풍으로 방향을 바꾼다. 그렇게 위도가 상승하다 보면 비로소 우리나라에 도착하는 태풍이 된다.

대체 태풍은 왜 그렇게 강력한 힘을 가지고 있는 것일까. 모든 기상 현상 중에서 손에 꼽을 정도로 강한 에너지를 가지고 있는 태풍의 힘의 원천은 바로 수증기가 가지고 있는 응결 에너지이다. 따스한 바다에서 증발을 통해 기체 상태가 된 수증기는 1g당 539cal의 에너지를 함유하고 있다. 그 말인즉슨 기체에서 액체 상태로 되돌아가면 주변에 539cal의 에너지를 방출한다는 의미이다. 일반적으로 1kg의 공기를 1도 올리기 위해 필요한 열량이 240cal라고 알려져 있다. 단순한 수치만 가지고 봐도 1g과 1kg의 차이이니 수증기가 가진 엄청난 양의 에너지를 알 수 있다. 태풍 하나가 가지고 있는 수증기량이 수천만 톤에 가깝다고 하니 그 힘이 강할 수밖에 없다.

한반도에서 살아가는 사람이라면 일생에 아무리 적어도 한 번은 태풍의 영향을 겪는다. 거대한 에너지가 한반도를 휩쓸고 가면 인적 피해나 물적 피해가 금액으로 환산할 수 없을 정도로 클 때도 있다. 태풍은 보통 그 반경이 300km에서 800km까지 나타나는 것이 일반적이지만 최근에는 800km가 넘는 초대형 태풍도 따로 분류하고 있다. 서울에서 부산까지의 거리가 500km가 채 되지 않으므로 커다란 태풍이 한반도에 상륙하면 그 영향은 제주도부터 강원도까지 모두 받을 것이다. 인간의 입장에서는 피할 수 없는 재난이다.

그런 태풍이라도 안전한 곳에서 유리창으로 바라보면 신기한 현상으로 느껴진다. 급격한 기압차로 유리가 깨지는 것을 조심하면서 태풍이 부는 지역의 중심에 있으면 무너지기 직전의 태풍의 눈을 볼 수도 있을 것이다. 태풍의 눈은 이동하는 태풍의 중심 부근에서 하강기류가 나타나는 부분이다. 주변으로

2020년 제9호 태풍 마이삭을 찍은 천리안 2A호 합성영상 사진(출처: 기상청)

는 구름이 가득하지만 그 부분으로는 갑자기 구름이 사라지고 후텁지근한 바람이 분다. 그러다 태풍이 북서쪽을 향해 이동하면 다시 강한 비바람이 몰아치는 날씨로 변한다. 태풍 마크를 가운데가 비어있는 모양으로 사용하는 것도 이 때문이다. 한반도에 상륙할 즈음이면 태풍이 이미 소멸 단계에 접어들기 때문에 사실 완벽한 형태의 태풍의 눈을 관찰하는 것은 쉽지 않다. 하지만 강한 태풍일 경우에 운이 좋다면 반경이 10~20km인 눈이 내가 사는 곳을 지나칠 수도 있어 위성이나 레이더 영상을 보며 기다릴만한 가치는 있다.

타임랩스를 쉽게 찍을 수 있는 세상이다. 태풍이 오는 날에는 휴대폰 삼각대를 꼭 챙겨서 출근한다. 텁텁한 공기가 가득한, 금방이라도 비가 몰아칠 것 같은 태풍 직전에는 창문에 삼각대를 설치하고 휴대폰은 충전기를 연결해 놓

2020년 제9호 태풍 마이삭의 경로(출처: 기상청)

는다. 태풍이 지상에 상륙하는 그 시점의 하늘을 타임랩스로 찍는다. 업무에 바빠 도중에 확인할 새도 없다. 한 시간 정도를 찍으면 구름이 꾸물대며 흘러가는 모습이 동영상으로 담긴다. 태풍은 이동속도가 꽤 빠르기 때문에 굳이 타임랩스 동영상을 찍지 않아도 구름이 가는 모습이 눈으로 보인다.

영원히 지속되는 기상 현상은 없다. 태풍도 마찬가지다. 거대한 힘을 쏟고 동해상으로 빠져나가면 한반도에는 태풍이 남기고 간 흔적과 푸른 하늘만 남는다. 그렇게 태풍이 가고 나면 미꾸라지가 잔뜩 섞어 놓았던 대기와 바다는 새로운 공기와 새로운 물을 받는다. 텁텁하게 더웠던 바람은 조금 선선해지고 적조와 녹조는 잔뜩 내린 비에 쓸려 어디론가 사라져 있다. 태풍이라는 잠깐의 고난 뒤에 성장이 찾아온다. 이렇게 생각하면 늘 긴장하면서 맞는 태풍도 존경하는 마음으로 맞이할 수 있을지도 모른다.

조금 더 재미있는 기상학 정보

태풍: 태풍은 열대 저기압의 한 종류로, 우리나라에 살면서 태풍을 한번도 겪어 보지 못한 사람은 드물 정도로 여름과 가을 동안 한반도에 자주 찾아오는 손님 이다. 기준은 동일하지만 태풍의 강도마다 부르는 명칭이 기관마다 조금 다르다. 태풍을 영어로는 타이푼^{Typhoon}이라고 하는데 이는 그리스어의 티폰^{Typhon}에서 유 래했다고 한다. 티폰은 백개의 뱀 머리와 각각 한 쌍의 손발이 달린 용으로, 제우 스가 그 힘을 빼앗아 간 후 폭풍우를 일으키는 정도의 힘 밖에 남아있지 않았다 고 한다. 태풍은 중심 최대풍속에 따라 중, 강, 매우강, 초강력으로 분류하고 있 으며 크기에 따라서는 소형, 중형, 대형, 초대형으로 분류한다. 중심 최대풍속이 강할수록 피해가 크지만 크기와 위험도는 비례하지 않는다. 소형 태풍이 지상에 서 강한 회전 상태를 유지하며 큰 피해를 입히는 경우도 있다.

중심부근 최대풍속	세계기상기구(WMO)	한국/일본	
17% 미만(34 kt 미만)	열대저압부(TD: Tropical Depression)	TD	열대저압부
17%-24%(34-47 kt)	열대폭풍(TS: Tropical Storm)	TS	태풍
25%-32%(48-63 kt)	강한 열대폭풍(STS: Severe Tropical Storm)	STS	
33% 이상(64 kt 이상)	태풍(TY: Typhoon)	TY	

강력한 저기압 현상인 열대저압부와 태풍을 정의하는 방법과 강도에 따라 부르는 명칭이 각각 다르다. (출처: 기상청)

참고 자료

· 국가기상위성센터 https://nmsc.kma.go.kr

· 국가태풍센터(날씨누리로 통합됨) http://typ.kma.go.kr/

· 태풍의 분류(기상청 날씨누리)

반만년의 역사를 지녔다고 하는 한반도는 늘 큰 세력들이 호시탐탐 노리는 부동산의 요충지였다. 한반도는 지리적으로 바다로 나가기도 쉽고 다른 나라를 방어하기도 좋은 곳이다. 지금도 늘 가까운 중국과 러시아, 일본을 포함해 미국과 유럽의 눈치까지 봐가면서 외줄타기 외교로 마음을 졸이는 나라이기도 하다. 나라와 나라 사이의 관계가 늘 좋지는 않겠지만 근현대사의 역사적 사실들만 봐도 한반도는 여러 세력이 격돌하여 피해를 입은 일이 많다.

그런 한반도의 역사를 그대로 보여주는 것이 바로 사계절이다. 흔히 대한민국의 장점을 소개할 때 '사계절이 뚜렷하여 봄과 여름, 가을, 겨울을 모두 즐길 수 있는 곳'이라고 소개한다. 기후변화로 약간의 편차가 생긴다지만 아직도 봄의 벚꽃 길과 여름의 찜통더위, 가을의 단풍, 겨울의 눈을 충분히 즐길 수 있는 나라이기도 하다. 이런 계절의 변화가 생기는 것도 큰 대륙과 거대한 해양에서 오는 대기 세력들이 한반도에서 세력 싸움을 반복하기 때문이다.

공기는 얼핏 온통 섞여서 별다른 차이가 없을 것 같지만 각각이 가지고 있는 성질에 따라서 뚜렷하게 구분된다. 물과 기름 정도는 아니지만 찬물과 뜨거운 물이 더디 섞이는 것만큼의 차이는 있다. 공기가 섞이는 경계면에서는 늘 날씨가 급격하게 변할 수 있다. 이 경계면을 기점으로 구분되는 세력들을 '기단氣團, air mass'이라고 한다. 한반도의 위치는 딱 대륙과 해양의 경계에 있고 심지어 가장 넓은 바다 중 하나인 태평양을 눈앞에 두고 있다. 그렇기에 다른 지역보다 특히 기단의 영향이 중요해서 여러 세력들이 싸우는 위치가 되기도 한다.

기단은 만들어지는 위치와 온도에 따라 크게 대륙과 해양, 한대와 열대로 나뉜다. 거기다 극지방의 공기 순환과 적도 지방의 공기 순환에 따라 만들어지는 기단들도 있다. 예를 들어 대륙에서 생긴 차가운 공기를 가진 기단은 '대륙성한대기단'으로 불리고 해양에서 생긴 습윤한 공기를 가진 기단은 '해양성열대기단'으로 불리는 식이다.

모든 과학 용어들이 그렇듯 과학자들은 긴 단어를 줄이고 싶어 하고 각각의 특징을 약자로 만들었다. 대륙성기단은 'continental'의 소문자 c를 사용하고 해양성기단은 'maritime'의 소문자 m을 사용해 나타낸다. 이제 기단의 온도에 따라 약자를 정할 차례다. 보통은 열대(T, Tropical)와 한대(P, Polar)로 나뉘고, 극기단은 A(Arctic), 적도에서 생긴 기단은 E(Equatorial) 같은 단어

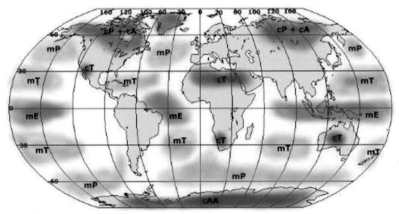

세계의 기단 (출처: 『예보관 훈련용 기술서-대기분석 및 예보』, 기상청, 2014)

를 사용해 표현한다.

　기단은 종종 고기압으로 불린다. 큰 공기 덩어리는 일정한 성질을 가지고 있어야 한다. 그렇지 않으면 그 덩어리를 이루기 힘들 뿐만 아니라 다른 지역까지 영향을 미치기도 힘들기 때문이다. 저기압의 경우에 늘 불안정한 성질을 가지고 있고 공기는 그 불안정을 해소하기 위해 끊임없이 변질되고 이동한다. 고기압은 비교적 안정된 상태를 유지하고 있기 때문에 긴 시간 다른 지역에까지 영향을 미칠 수 있다. 북태평양기단과 북태평양 고기압이 혼용되어 쓰이는 것은 바로 그 때문이다. 거대한 기단은 필연적으로 고기압일 수밖에 없다.

　세계로 따져도 여러 개의 기단이 계절에 따라 세력 싸움을 하는 중위도 지역은 사계절을 가지고 있는 경우가 많다. 미국 또한 미국 서부보다 미국 동부에서 다양한 일기 현상이 나타나고 유럽 또한 그렇다.

　대한민국에 영향을 미치는 기단은 예전에는 4개나 5개로 교과서에 등장했다. 흔히 겨울의 시베리아기단, 여름의 북태평양기단, 봄과 가을의 오호츠크해기단, 양쯔강기단(변질된 시베리아기단)이라고 배우기도 한다. 하지만 봄과 가을은 기단들의 세력이 변화하는 단계라 날씨가 맑거나 혹은 변덕스럽기 때문에 어느 기단이 영향을 크게 미친다고 하기 힘들다는 분석도 있다. 거기에 덧붙여 태풍을 몰고 오는 적도 기단의 영향까지 합하면 5개의 기단이 완성된다.

　기상청에서는 여기에서 한 가지 더 추가해 분석한다. 바로 티베트고원에서 생성되는 티베트기단, 혹은 티베트고기압이다. 티베트고원은 평균 해발고도가 4,500m인데다 남북으로는 1,000km, 동서로는 2,500km가 넘게 뻗어있다. 4,500m는 기압계로 따지면 약 600hPa정도 되는 대기 중층에 해당하는 고도다. 고도가 높고 수원이 부족한 이곳은 지면 가열로 인해 고원 아래의 대기 온도보다 빨리 뜨거워지게 된다.

지상에서는 저기압을 이루어 공기가 상승하고 200hPa의 높은 고도에 다다르면 성층권의 경계면과 만나 공기가 발산하는 아주 높은 고기압을 이룬다. 지상에 있는 뜨겁고 건조한 저기압을 열저기압이라고 하는데, 대기 상층까지 올라간 공기가 주위로 퍼져나가며 고기압성 흐름을 띄는 것을 티베트기단이라고 부른다. 이 기단의 세력이 강해지면 한반도까지 영향을 미치게 되는 것이다. 그 해 티베트기단이 얼마나 커질지는 전년도 겨울에 어느 정도 예측할 수 있다. 티베트고원에 눈이 많이 내려서 지면 가열이 적어지면 자연히 기단의 세력도 비교적 약해진다. 반대로 눈이 오지 않아 지면이 그대로 노출된다면 아주 강한 세력을 가진 기단이 생성되기도 한다.

사실 티베트기단이 주목을 받는 것은 그리 오래된 일은 아니다. 여름에 주로 영향을 미치기는 했지만 다른 기단들의 세력이 워낙 강하기 때문이다. 최근에 티베트기단의 가장 영향을 미쳤던 때는 2018년 여름이다. 북태평양기단과 중국 내몽골 지역에서 생성된 뜨거운 공기의 영향을 받는 와중에 상층으로 티베트기단의 영향까지 함께 찾아와버린 것이다. 덥고 습한 공기가 찬 공기와 섞이며 비도 오고 구름도 만들어야 하는데 그 해의 여름은 온통 더운 공기만 가득한 한 해가 되었다. 사시사철 한국보다 덥다고 여겨지는 태국이나 필리핀보다 한국이 더 더웠다고 한다. 오죽했으면 장마전선도 밀어내 버리고 태풍이 가진 열보다 더 뜨거운 열을 가지고 있어 태풍조차 녹여버리는 진귀한 현상까지 일어났을까. 이처럼 어느 기단의 영향을 받느냐에 따라 한반도의 계절은 해마다 확연한 차이를 보인다.

여름의 날씨가 확실한 기단들 사이에서 누가 더 몸집을 크게 불리는 가로 결정된다면 봄과 가을의 기단은 조금 다르다. 앞서 말했듯 봄과 가을은 기단들의 세력이 변화하는 시기다. 어떤 기단의 영향이 빨리 오는지 혹은 늦게 빠져나가는지에 따라 그 해 봄가을의 날이 천차만별로 달라진다. 크게 보자면 시베리아기단이 영향을 받고 있는 시기이기는 하다. 다만 힘이 약한 상태에서 가끔 생기는 기압골에 의해 시베리아기단의 한 축이 뚝 떨어져 나온다. 그 기압계가 데굴데굴 이동하여 한반도에 영향을 미치면 맑고 선선한 바람이 부는 날씨가 된다.

반대로 시베리아기단의 힘이 강해지면 한파나 강추위가 급작스럽게 찾아온다. 봄가을에 한파가 오는 이유다. 여기서 떨어져 나온 고기압이 이동하는 것이 우리가 부르는 양쯔강기단(양쯔강고기압) 혹은 이동성 고기압이다. 교과서에서는 흔히 양쯔강기단이라고 배우지만 여기서 '기단'이라는 용어 사용에 혼란이 일어난다. 실제 이동성 고기압의 이동을 보면 전반적인 성질이 서해를 거치면서 점차 변질되는 일이 많다. 그렇다면 이 공기덩어리가 과연 기단이라는 정의에 맞는지 의문이 생기는 것이다. 발원 또한 양쯔강 유역에서 직접 생겨나는 것이 아닌 시베리아기단에서 분리되어 나온 비교적 작은 크기의 공기덩어리로, 양쯔강 인근의 가열된 공기를 만나 온도가 올라가는 모습을 보인다. 이런 논란이 있다 보니 전문가들은 점차 양쯔강기단이라는 용어 대신 '이동성고기압'이라는 지역명이 드러나지 않는 용어를 사용하는 추세다.

그러면 오호츠크해기단의 정체성이 대체 무엇인지 궁금해질 때가 있다. 일단 이름부터가 어렵다. 일본어 같기도 하고 러시아어 같기도 하다. 아무리 봐도 중국어 같지는 않은 이름인데 '해海'가 붙어있으니 바다이긴 하겠지 하고 넘겨버린다. 오호츠크해는 사실 우리나라에서 좀 떨어져 있다. 오호츠크는 러시아어로 'Охотское'라고 쓴다. 20세기 초 우리나라 사람들이 이주했다가 귀국하는 문제로 이슈가 되기도 했던 사할린 섬과 일본열도를 따라 올라가면 조개처럼 생긴 캄차카 반도가 보이는데, 그 사이에 있는 해역이다.

위도가 높아 차가운 해류가 흐르고 일부는 시베리아기단의 영향을 받아 겨울이면 해빙이 생긴다. 이곳에서 생기는 기단은 해양이 발원지이기 때문에 바다에서 증발한 수증기를 많이 머금고 있다. 하지만 우리나라보다 위도가 높기 때문에 전반적으로는 차가우며, 이 기단이 남하해 여름철 힘을 얻기 시작한 북태평양기단과 마주치게 되면 거대한 비구름 대를 만들게 된다. 그것이 바로 장마다.

이번에는 여름으로 가 보자. 여름의 대명사는 역시 북태평양기단이다. 기단이 어찌나 큰지 대양의 이름을 뚝 잘라 절반인 북쪽 태평양을 사용한다. 북태평양기단이 생성되는 범위는 매우 넓다. 전 지구적으로 보았을 때도 큰 범위에 속한다. '북태평양'이라는 단어는 적도를 기준으로 북쪽이라는 의미다. 일본 남쪽과 필리핀, 괌 인근을 포함하여 광범위하게 형성된다. 북태평양기단은 단순히 지면이 가열되거나 하는 이유가 아닌 전 지구적 순환에 그 근원을 두고 있다. 겨울철에 북태평양기단의 영향을 받지 않는다고 해서 북태평양기단이 사라지는 것이 아니다. 겨울 동안은 계절풍에 밀려 미국 대륙까지 밀려가게 된다. 그러다가 차차 여름이 되고 북태평양의 해수 온도도 올라가며 기단의 영향이 커지면 한반도까지 그 손을 뻗친다. 한반도는 어찌 보면 북태평양 고기압이 영향을 미치는 경계선 부근이라고도 할 수 있다. 중국 내륙으로 가게 되면 몽골 부근과 티베트 부근에 강력한 기단이 이미 형성되어 있어 중국 대륙까지 영향을 미치기 힘들다.

바다와 산 그 모두를 즐길 수 있는 한반도는 이처럼 다채로운 기단들이 서로 힘 싸움을 하는 장소가 된다. 다른 나라보다 유독 우리나라에서 기상예보가 어려운 이유도 이 때문이다. 날씨 변화가 심해 공기들의 이동이 날씨에 큰 영향을 미치기 때문이다. 매년 매 순간 대륙성기단과 해양성기단은 한반도 주위에서 격돌하는 전투를 벌인다. 그 속에서 기단의 이동에 친숙해지고 변화를 잘 알아채는 것이 예보관의 큰 숙제이자 평생 과제이다.

📍 곤충들도 날씨를 느낄까

나비를 볼 수 없는 나라

#기후변화 #곤충 #생물다양성

밤새 소나기가 잔뜩 내리고 난 여름날 아침이었다. 평소보다 출근을 서둘렀는데 길가에 피어있는 꽃 아래에서 풀벌레 소리가 들렸다. 어디선가 하얗고 작은 나비 한 마리가 느릿느릿 바람을 타고 날아왔다. 나비는 차 한 대가 지나갈 때마다 바람에 날리다가도 결국 길을 찾아 꽃 위에서 날개를 접었다. 자세히 보니 날개가 살짝 젖어 있었다. 습기에 몸을 말리는 나비를 보다가 금방 자리를 떴다. 출근 시간이 아니었다면 휴대폰으로 그 장면을 찍었을지도 모른다.

아주 어릴 적 시골의 풀밭에 가면 늘 나비와 벌이 잔뜩 돌아다녔다. 집 뒤쪽 외양간에 부업 삼아 양봉을 하는 사람들도 많았고 달맞이꽃이나 개망초, 제비꽃, 민들레 같은 풀꽃들이 지천으로 널려 있어 나비들이 한가롭게 날아다니는 장면이 익숙했다. 배추흰나비, 호랑나비, 노랑나비, 제비나비가 계절마다 풀과 풀 사이를 옮겨 다녔다. 잠자리채 하나와 반나절의 시간만 있으면 나비 두어 마리는 쉽게 잡을 수 있었다. 비가 오는 날에는 지우개로 지운 듯 날벌레들이 싹 사라져 있었는데 길을 가다가 건물 그늘이나 큰 나뭇잎 아래쪽에 나비가 날개를 접고 조용히 쉬는 모습을 발견하면 신기하기도 했다. 그만큼 나비가 흔했다. 벌집도 많아 아이들이 벌에 쏘이는 경우도 더러 있었고 양봉을 하는 집과 친하면 밀랍이 든 천연 벌집을 한 입 씩 먹을 기회도 많았다.

할머니 댁이 있는 마을은 아직까지도 편의점이 없다. 고속도로가 멀리 보이는 작은 산골 동네이다. 면 전체의 인구가 1,590명 남짓이고 그마저도 노인 인구가 많아 해가 갈수록 익숙한 얼굴이 줄어드는 곳이다. 겨울에는 눈이 펑펑 내리고 장마 기간이면 비가 꼭 퍼부은 듯이 오는 데다 제방을 타고 흘러내려가는 물줄기 소리가 자면서도 어렴풋이 들렸던 시골이었다. 일 년의 대부분을 도시에서 자랐던 나는 벌레를 싫어하는 아이이긴 했지만 그 벌레들을 신기해하며 잡아 부모님께 자랑하던 아이이기도 했다. 이상하게 도시 곤충들 보다는 시골 곤충들이 더 깨끗하고 예뻐 보였다. 징그러운 부분이 있어 도망가다가도 특이하고 아름다운 무늬를 가지고 있는 생물들이 신기했는데 최근에는 시골에 가도 징그럽다고 생각되는 벌레가 훨씬 많아진 것 같다. 주위의 환경이 조금씩 바뀌고 기온 분포도 조금씩 올라가면서 잘 번식하는 곤충의 종류도 달라진 것이다.

대부분의 곤충들은 변온동물이다. 특히 몸 내부의 에너지와 수분율을 스스로 조절할 수 없는 종류가 거의 대부분이고 크기도 작아 아주 작은 변화에도 민감하다. 따뜻하고 습한 날씨에 곤충들의 활동이 활발해지는 것도 그런 이유일 것이다. 직사광선을 그리 좋아하지 않는 곤충도 많다. 각각 그 종이 가장 활발하게 생활할 수 있는 온도와 습도는 정해져 있고 그 범위를 벗어나면 죽거나 활동이 현저하게 느려진다. 특히 사계절이 있는 나라에 사는 곤충들은 1년 간의 기온 편차가 크기 때문에 어릴 때는 알이나 애벌레, 번데기 상태로 겨울을 나고 봄이 되어 활동에 적합한 온도가 되면 신기하게도 활동을 시작한다.

대표적인 예가 매미다. 매미는 종에 따라 다르지만 4~7년을 유충 기간으로 보낸다. 미국의 매미는 13년과 17년의 주기를 가지고 있다. 서식지의 환경에 따라서 주기가 달라지기도 한다. 매미 유충이 모두 성장하고 활동할 수 있는 온도가 되면 한 달이 조금 넘는 기간 동안 지상으로 나와 짝을 맺고 죽는 일까지 마친다. 매미가 빨리 울기 시작하면 그만큼 여름이 빨리 왔다는 증거다. 거기다 날개를 몸에 비벼서 소리를 내기 때문에 너무 습한 환경에서는 짝을 맺을 수 없다. 공기 중의 습도가 어느 정도 내려가면 신기하게도 그늘이나 나뭇잎 아래에서 나와 몸을 말리고 다시 울기 시작한다. 선조들은 이런 매미의 모습을 보면서 '매미가 저녁에 울면 그 저녁은 맑다'고 하기도 했다.

날씨에 대한 격언을 보면 동물, 식물뿐만 아니라 곤충들의 움직임까지 기록해 전해 내려오는 것들이 많다. 흔히 볼 수 있는 개미들은 보통 땅 속에 굴을 파고 들어가며 집을 짓는다. 공기 중의 습도가 높아져 비가 올 확률이 높으면 개미들은 굴 속에 있는 애벌레나 알이 습기나 빗방울에 의한 피해를 줄이기 위한 행동을 한다. 개미굴로 통하는 입구를 닫아서 빗방울이 들어오는 것을 차단해 버리기도 하고, 개미굴 입구 주변에 흙을 쌓을 때도 있다. 비가 와서 개미에게 좋은 점도 있다. 개미는 화학 성분인 페로몬으로 소통하는데 보통의 환경보다 습도가 높아지면 페로몬의 전달이 잘 된다. 비 오는 날 수도관 냄새가 잘 나는 것과 비슷한 원리다. 그러다 보니 서로 간의 소통이 활발해지고 일렬로 줄을 지어서 갈 수 있게 된다. 개미는 주변에서 볼 수 있는 곤충들 중에서도 압도적으로 크기가 작은 개체에 속하고 몸이 느끼는 습도 변화가 더 클지 모른다.

날씨 변화에 큰 영향을 받는 곤충 중 하나가 바로 벌이다. 벌의 중요성은 세계적으로도 널리 알려져 있고 환경과 식물을 보존하기 위해서는 벌이 결정적인 영향을 미친다는 연구결과도 많다. 벌은 충매화들의 번식을 돕는데 가장 중요한 역할을 한다. 많은 생태도시에서는 벌이 활동하기 좋은 곳을 조성해 놓기도 하고 일부러 꿀 채집이 주목적이 아닌 벌집을 가져다 놓는다. 벌이 보통 활동을 시작하는 온도는 약 14도이다. 너무 이른 봄이 찾아오거나 갑자기 꽃샘추위가 찾아오면 벌들이 활동을 시작했다가 견디지 못하고 죽는 경우도 많이 있다. 벌은 기후변화와 산업적인 농업 때문에 종이 빠르게 줄어들고 있다고 연구되기도 한다. 바뀐 기온에도 무리 생활을 하는 등의 습성 때문에 서식지를 옮기기 힘든 데다 기후변화로 인한 외래종 유입, 농약 사용으로 인해서도 줄어들고 있다.

사람의 눈에 많이 띄는 날벌레들은 주변에 상승기류가 생기면 그 기류를 타고 높이 올라가는데 그 벌레들을 먹이로 하는 새들의 활동이 활발해지는 효과를 낳는다. 벌레가 원해서 상승하는 것은 아니지만 워낙 가볍고 날개가 얇다 보니 상승기류를 한번 타면 체공 시간도 긴 편이다. 지면 근처에서는 습한 날씨가 되면 언제든 날개를 접고 숨기 위해 낮게 나는 모습을 보이기도 한다.

땅 속에 사는 벌레들도 날씨에 민감하기는 마찬가지다. 피부로 호흡하는 지렁이는 토양이 축축하게 젖으면 호흡을 할 수 없어 울며 겨자 먹기로 바깥에 나온다. 비가 오고 난 후 길 위에 널려있는 지렁이들은 물이 고여 있는 곳을 피해 비교적 건조한 아스팔트 위로 갔다가 다시 흙으로 돌아가기도 전에 온도가 급격하게 오르는 도로 위에서 말라죽는다. 생존을 위해 도망쳤지만 다시 돌아가지 못한 것이다.

달팽이의 상황은 조금 다르다. 배 전체를 발로 활용하는 달팽이는 건조한 곳에서는 이동이 매우 힘들다. 비가 오면 숨어있던 곳 바깥을 뛰쳐나와 먹이를 먹거나 이동하기도 한다. 비가 오는 날 풀잎에 무언가 붙어있다 싶으면 달팽이였다. 습한 날 따는 상추 잎에 붙어있기도 했다. 하지만 비가 그치고 지렁이처럼 원래 있던 어둡고 습한 장소를 찾지 못하게 되면 그대로 말라 딱딱한 껍데기만을 남기고 죽는다.

흔히 비가 오는 날 바깥에서는 모기 물릴 일이 없을 것이라 생각한다. 하지만 의외로 비 오는 날은 모기에게 큰 영향을 미치지 않는다. 빗방울에 비해서 모기가 작은 편이고 워낙 가볍기 때문에 비를 맞아도 충격이 적은 편이다. 지면 근처에서 비를 맞은 충격으로 강이나 웅덩이에 떨어진다면 벗어나기 힘들기는 하다. 그러니 비가 오는 날 모기에 물리지 않을 것이라고 생각하며 짧은 소매의 옷을 입고 나가면 온몸에 헌혈 자국이 생길 수도 있다.

공기 중 습도에 영향을 받는 곤충도 있지만 귀뚜라미는 사정이 조금 다르다. 귀뚜라미는 가을에 짝을 짓는 곤충이라 온도에 훨씬 민감하다. 오래전부터 사람들은 귀뚜라미 울음소리로 온도를 판단하고는 했다. 그에 관한 아주 재미있는 연구가 있다. 1897년 미국의 물리학자이자 발명가인 아모스 돌버^{Amos} ^{Emerson Dolbear(1837 - 1910)}가 아주 재미있는 연구 논문을 발표했다. 아메리칸 내추럴리스트^{The American Naturalist}라는 학회지였는데 그가 살던 지역의 가장 흔한 귀뚜라미였던 긴꼬리귀뚜라미의 울음소리에 따라 온도를 알 수 있다는 것이었다. 14초 동안 귀뚜라미가 우는 횟수에 40을 더하면 미국의 온도 단위인 화씨(°F) 온도를 알 수 있다는 내용이다.

귀뚜라미는 종마다 조금씩 다르지만 끼릭끼릭, 뛰루루룩하는 울음소리를 반복적으로 내는데 14초 동안 이 소리를 세면된다. 만약 40번을 울었다면 화씨 80도, 20번을 울었다면 60도가 된다. 우리나라에 적용하려면 화씨온도와 섭씨온도의 변환 계산식을 적용하면 된다. 계산을 하면 25초 동안 귀뚜라미가 운 횟수를 3으로 나누고 거기다가 4를 더하면 된다. 예를 들면 귀뚜라미가 45번 울었을 때 19도가 되는 식이다. 귀뚜라미의 종류마다 우는 형태가 다를지도 모르니 실제 한국에 적용할 수 있을지 없을지는 가을이 되어 보아야 알 일이다.

곤충들은 날씨 변화에 민감한 만큼 기후변화에도 민감하다. 많은 나비들의 서식처가 점점 옮겨지고 있고 우리나라에는 그동안 볼 수 없었거나 드물게 보이던 곤충들이 늘어나기 시작했다. 2019년 겨울은 유난히 따뜻했고 2020년 한반도는 기록적으로 긴 장마가 이어졌다. 이로 인해서 낮은 온도에서 죽었어야 할 곤충의 유충들은 살아남고 물속에서 서식하는 곤충의 유충이 늘어났다. 높은 온도에서 죽는 곤충도 많은데(2018년에는 이로 인해서 모기를 비롯한 많은 곤충들이 드문 해였다) 장마 기간이 길어 이런 곤충도 적어졌다. 작년 한 해는 나방파리와 매미나방 같은 대량으로 보기 힘들었던 곤충들로 인해 사람들이 시름하던 해였다.

도시의 사람들에게는 이제 우아하게 날개를 팔랑이는 호랑나비나 부숭부숭한 털이 매력적인 호박벌, 꿀을 모으기 위해 사람이고 뭐고 눈에 뵈는 게 없는 일벌보다 초파리와 나방파리, 파리와 모기 같은 해충(어디까지나 인간의 관점에서)들이 더 익숙하다. 이름을 말하면 모두 인상을 찌푸리는 '바 선생'이나 돈벌레도 그렇다. 특히 온도 변화가 심한 곳에서는 아열대 지방에서나 보이는 곤충들이 늘어나고 있다고 한다.

세계 곳곳에서 이런 일들은 비일비재하게 일어나고 있다. 메뚜기, 귀뚜라미, 파리 등등 기상 조건이 맞으면 엄청난 양으로 불어나는 곤충들로 인해 우려하는 목소리도 여기저기서 나온다. 날씨에 민감한 만큼 지구의 상태가 어떤지 알려주기도 하는 곤충들의 활동을 살피면 지구의 변화도 알게 될 것이기에 세계의 많은 학자들은 곤충들의 삶에 주목하고 있다.

낚시를 좋아하는 사람이라면 한 번쯤 들어봤을 이야기가 있다. 날이 좋을 때보다 날이 나쁠 때 낚시가 더 잘된다는 속설이다. 그래서 맑은 날 보다 흐린 날 오히려 낚시터에 사람이 많다. 낚시 경험이 거의 없지만 주변에는 낚시 마니아가 가득해서인지 이런저런 낚시 상식을 듣게 된다. 그럴 때 날씨 이야기가 빠질 수 없다.

옛 속담 중에 물고기가 수면에서 '입을 뻐끔대면 곧 비가 올 징조라는 말이 있다. 물고기가 물 밖으로 입을 뻐끔거리는 이유는 물에 녹아있는 용존산소가 부족하기 때문이다. 물 밖에서 일어나는 기상 현상들과 유유히 헤엄치는 수중 생물들은 전혀 관련이 없을 것 같아 보인다. 하지만 의외로 대기에서 벌어지는 현상들은 물속까지 영향을 미친다.

살아있는 모든 생물이 그렇듯 물고기도 숨을 쉰다. 숨을 쉬는 것은 산소를 얻기 위해서다. 수중 생물들의 숨 쉬는 법은 다양하다. 대개의 물고기는 아가미로 숨을 쉰다. 물을 흡수한 후 물 속에 녹아 있는 산소를 빨아들이면서 살아 간다. 상어, 문어, 오징어, 불가사리와 같이 수면 아래에서 살아가는 생물들은 모두가 마찬가지다. 그래서 물에 녹아있는 산소를 흡수할 수 있는 신체기관이 있는 생물들에게 가장 중요한 것이 바로 용존산소溶存酸素, dissolved oxygen(DO)의 양이다. 물은 조건에 따라 포함할 수 있는 산소가 정해져 있다. 자세한 식을 설명하기에는 너무 어렵지만 물리적인 조건 중에서는 기압과 온도 그리고 염분의 영향을 받는다.

기압이 높을수록 온도가 낮을수록 염분이 적을수록 용존산소가 많다. 즉 같은 기압 아래에서라면 수온이 0도일 때 용존산소량이 가장 높다. 1 기압으로 가정할 때 수온 섭씨 0도에서 용존산소량은 물 1리터당 약 14.6mg 이다. 비율로 따지면 1% 미만이다. 요리할 때 계량으로 이용되는 티스푼(t)의 평균 중량이 1~1.5g 정도 되는데 mg은 그것의 1/1000를 의미한다. 티스푼 끝에 소금을 살짝 묻힌 정도밖에 되지 않는 것이다. 보통 해수면 근처를 1 기압으로 평균 내어 가정하기 때문에 대부분의 용존산소량 계산식은 1 기압으로 가정한 후 계산하게 된다. 공기가 가지고 있는 산소의 양이 평균적으로 전체 공기 분자의 20% 정도니 얼음에 가까운 물이 가지고 있는 산소는 공기의 1/20 정도밖에 되지 않는다. 수중 생물들이 얼마나 아등바등 살아가는지를 알 수 있는 대목이다.

심지어 현실 환경은 더욱 가혹하다. 물에는 산소뿐만 아니라 각종 화학 성분, 염류 등이 녹아있다. 흔히 미네랄이나 오염 물질이라고 부르는 성분들이다. 보통 수중 생물들이 활동하는 하천 중 1급수라고 할 수 있는 곳의 평균 용존산소량은 7.5mg밖에 되지 않는다. 최소 기준이 5mg이다. 바다 또한 대부분 이 5mg 수준의 용존산소를 가지고 있다. 염분의 차이로 인해 지역의 차이가 있기는 하다.

이렇게 적은 양의 산소를 가지고 살아가는 생물들에게 해양이나 강의 환경 변화는 훨씬 크게 다가온다. 기압의 변화도 그중 하나다. 기압은 말 그대로 공기가 누르는 힘이다. 바다는 가장 낮은 곳에 있는 존재로 해수면에서 공기

층의 끝까지 높이를 재면 대부분 비슷한 높이를 하고 있다. 해발고도海拔高度라는 단어는 바다가 0m 지점이라는 것을 염두에 둔 단어다. 단위 면적 안에서 공기가 누르는 힘이 증가하면 증가한 압력만큼 공기 분자가 많아진다. 수면과 대기는 지속적으로 기체 분자(물, 이산화탄소, 메탄 등의 기체)를 교환한다. 물속에서 나오는 분자의 속도는 온도가 일정하면 대개 일정하다. 하지만 물에 녹는 기체 분자는 사정이 다르다. 기압이 높아서 그 안의 분자들이 많아지면 그만큼 물에 녹는 분자도 많아지는 것이다. 이렇게 용존산소를 꽉꽉 눌러 수면 아래로 집어넣으면 용존산소량이 많아진다. 저기압일 때는 그 반대의 현상이 일어난다. 물에서 나오는 분자의 수가 들어가는 분자의 수 보다 적다. 무한대로 이러한 과정이 일어나는 것은 아니다. 어느 정도 시간이 지나서 물이 포함할 수 있는 분자의 최대치가 되면 서서히 수면과 대기 간에 비슷한 수의 분자가 교환되는 평형이 찾아온다.

1 기압의 정의는 760mmHg, 1,013hPa이다. 그런데 우리나라 주변 기압계를 보면 의외로 1,013hPa는 찾아보기가 어려운 것을 알 수 있다. 겨울에는 흔하지만 여름이 되어 기압골이 다가오거나 태풍이 올라올 때는 960hPa까지 내려가는 일도 생긴다. 수은주로 환산하면 720mmHg이다. 엄청난 저기압이다. 똑같이 물이 섭씨 0도라고 가정해보고 기압에 따른 용존산소를 측정한 표를 찾아보면 신기한 일이 벌어진다. 물의 용존산소량이 점점 떨어지는 것이 보인다. 720mmHg에서는 무려 13.8mg으로 떨어져 있다. 0.8mg 차이가 크지 않은 것 같지만 이 수치는 같은 기압에서 기온이 무려 3.5도가량 높아진 것과 비슷한 양이다. 기온이 3도가 올라가면 피부로 느껴지는 차이가 큰데 물속은 말할 것도 없다.

현실에서는 이렇게 극단적으로 기압이 변하는 경우는 드물다. 시베리아기단이 가져온 고기압의 여파로 지상 평균 기압이 높은 한 겨울에 갑자기 강한 기압골이 내려와서 태풍과 비슷한 저기압으로 발달하기가 힘들기 때문이다.

하지만 날씨에 '절대'란 없다.

크든 작든 기압에 변화가 생기면 수중 생물들은 금방 눈치 챈다. 얕은 하천에 사는 민물고기들은 평소보다 더 수면 가까이에 올라와야 할 테니 수면 근처에서 입을 뻐끔거릴 테고 깊은 바다에 사는 물고기들도 산소의 교환이 활발한 얕은 수면으로 이동할 것이다.

그런데 기압이라는 한 가지 면만 보고 비가 오기 전마다 낚시를 갔다가는 허탕을 치는 경우도 있다. 수온과 바람을 고려하지 못했기 때문이다. 수온이 낮아지면 용존산소도 달라지는 데다 활동 영역이 다른 물고기들은 온도 변화가 적은 깊은 물로 들어간다. 평소 생활하던 편안한 장소로 이동하는 것이다. 추우면 사람의 몸도 둔해지듯 물속에서도 마찬가지다. 수온 1도에 영향을 받는 생물은 무수히 많다.

바람은 어떨까? 바람은 물고기들의 이동방향을 정하는 중요한 요소 중 하나다. 수면 근처의 파도는 바람에 의해 생성되는 천해파가 많다. 해안으로 밀려오는 파도의 힘에 맞서서 생물들은 물, 그리고 바람을 거스르는 방향으로 지느러미를 틀게 된다. 북풍 계열의 찬바람이 불면 수온을 낮게 만들기도 한다. 그것을 무시한 채 해안에서 낚시를 하면 초보자 딱지를 떼기 어려울지 모른다.

이론적으로 월척을 낚기에 가장 좋은 날을 따진다면 저기압이 다가오는데도 수온은 따스하고 바람이 많이 불지 않으면서 하늘이 조금 흐려 물이 너무 깊게 보이지 않는 날일 것이다. 그런데 이런 날이 있는지를 생각해 보면 그리 쉬운 조건은 아닌 것 같다. 과학적 근거를 바탕으로 낚시꾼의 경험을 믿을 수밖에 없다. 운이 좋다면 깊은 바다나 강바닥에서 헤엄치던 커다란 물고기와 만날 수 있을 것이다. 주변에서 기상학을 전공한 낚시꾼 중에서 유명인이 없는 것을 보면 기상학석 요인이 나는 아니라는 것을 확실하게 알게 된다.

비가 오면 물고기들도 울상이 된다. 저기압일 때 사람이나 물고기나 힘든 하루를 보내는 것은 마찬가지다. 언제나 대기의 변화는 가혹하고 모든 생물은 그것을 견디면서 하루하루를 살아가고 있는 것이다. 낚시로 울상인 물고기가 올라왔다면 가끔은 집으로 다시 갈 수 있게 해주는 상부상조의 정신을 발휘해 보는 것은 어떨까. 당신이 비바람이 몰아치는 날 힘든 것만큼 그 고기도 앞으로 나아가느라 힘들었을 테니까.

조금 더 재미있는 기상학 정보

용존산소[溶存酸素, Dissolved Oxygen]: 물이나 용액과 같은 액체 속에 녹아있는 산소의 양. 액체 속에 다른 물질이 많이 포함될수록 상대적으로 용존산소가 녹을 수 있는 공간은 작아진다. 용존산소가 적은 액체는 산소 함량이 낮아 특히 물의 경우 수질을 결정하는데 주요 원인이 된다. 20℃, 1atm의 대기 상태를 가정할 때 순수[純水(증류수라고도 하는 다른 이물질이 하나도 없는 H_2O상태의 물)의 DO는 9ppm이다.

참고 자료

* 자료에 따라 14.2mg으로 표기하는 곳도 있다. 이 글에서 사용된 자료의 출처는 <U.S. Geological Survey TWRI Book 9>의 1998년 버전이다. 자세한 내용은 큐알코드로 연결해 살펴볼 수 있다.

제 5 부

날씨를 위해
섬으로 간다

지금도 세계 어딘가에서는
지구의 흐름을 알기 위해
부단히 노력하는 사람들이 있다.

하필 거기에 바다가 있어서

#서해안 #해무 #안개 #국지기상 #영종대교

영종대교하면 떠오르는 사건이 있다. 바로 서해안 안개로 인한 2015년 2월의 영종대교 106중 추돌사고다. 다리 위에서 106중 추돌사고라니, 듣기만 해도 아찔하다. 수많은 인명과 재산 피해는 물론이거니와 안개로 인한 사고였다는 점에서 기상청 사람들의 간담도 서늘하게 했다.

이 사고로 사망자는 2명, 부상자는 130명이 생겼다. 부딪힌 자동차들이 모두 큰 피해를 입었던 것은 두말할 필요도 없다. 눈앞으로 10m밖에 보이지 않았던 서해안의 안개 때문에 일어난 최악의 사고였다. 떨어지면 그대로 바다로 추락할 수도 있는 다리의 상판 위. 사고 경험자들은 다리가 후들거리는 아찔한 경험을 해야 했다. 조사에서 밝혀진 가장 큰 원인은 서해안의 해무와 사람들의 부주의였다. 사고 당일은 2월이었고 겨울이라 안개가 바닥에 닿으면 그대로 얼어 얇은 얼음이 도로 위를 뒤덮고 있었다. 수없이 많은 차량들이 도로를 꽉 메운 사진이 대서특필되며 서해안의 안개는 큰 주목을 받았다. 검은 것만이 어둠이 아님을 사람들은 그때서야 깊게 깨달은 것 같았다.

안개로 뒤덮인 영종대교 106중 추돌 사고가 있었던 날의
천리안 1호 위성 합성영상(출처: 기상청)

이 사건을 계기로 사람들은 안개가 가져올 수 있는 여러 위험한 상황에 대해서 더 경각심을 가지게 되었다. 예보를 하는 사람들도 마찬가지였다. 해마다 예보관들은 다양한 기상 현상에 대한 예보 기술을 연구하는데, 그 중 바다에서 생성, 강화되는 안개나 출퇴근길의 도로 위 안개를 예측하기 위해 노력한다. 지역 특색에 맞게 다양한 기상 조건에 대한 분석을 지속적으로 공유하고 분석하는 과정을 가진다. 안개는 워낙 예측하기가 어렵고 특히 해무는 바람 방향이나 태양의 각도에 따라 연안에서 춤추듯 이동하기 때문에 기온이나 풍향 풍속 같은 기상요소가 거의 같아도 아주 작은 원인으로 강해지거나 약해진다.

앞서 가던 사람이 보이지 않을 정도의 시야. 아주 짙은 안개를 경험해 보지 못한 사람은 그 두려움을 공감하기 힘들지도 모른다. 흰색 어두움이 있다면 바로 그런 모습일 것이다. 내가 서 있는 자리에서 서너 발자국 떨어진 곳의 사람마저 희끄무레하게 보이는 세상에는 눈앞에 무엇이 있는지 모르기에 덜컥 겁부터 난다.

안개의 원인은 초등학교 과학책에서부터 고등학교 입시 서적까지 수도 없이 등장한다. 바로 물방울의 응결이다. 공기 중에 있던 수증기가 여러 가지 원인으로 냉각되어 응결되면 아주 작은 물방울이 된다. 낮은 고도의 구름방울이 만들어지는 것과도 비슷한 원리다. 냉각이 되어 응결을 일으킨다는 점 때문이다. 다만 높은 고도에서 0.01~0.02mm 정도의 지름으로 형성되는 구름방울과 달리 안개 입자는 0.1~0.2mm로 제법 눈에 보이는 형태이다. 특히 이런 안개 입자들은 자동차의 전조등을 여러 방향으로 산란시키기 때문에 안개등을 켠다고 해서 시야가 어둠을 밝힌 것처럼 좋아지지도 않는다. 그럼에도 불구하고 앞 차량과의 거리를 알기 위해 반드시 안개등을 켜고 운전을 해야 하는 것이다.

학계에서 안개의 종류를 나누는 방법은 여러 가지가 있다. 그 중 가장 대표적인 방법은 어떤 공기가 어디로 이동하느냐로 구분하는 것이다. 생성 원인에 따라 네 가지의 안개로 나뉘고 여러 원인이 복합적으로 나타나는 안개도 있다. 각각 복사안개radiation fog, 이류안개advection fog, 활승안개upslope fog, 전선안개frontal fog, 김안개steam fog 등이다. 이름만 들어서는 어렵고 복잡해서 안개를 처음 접하는 사람들에게는 외계어처럼 들릴 것이다.

비교적 따스하고 습한 공기가 차가운 지면을 만나 응결을 이루면 복사안개라고 한다. '복사'라는 이름이 붙은 이유는 냉각되는 원인이 지구복사에너지이기 때문이다. 해가 지고 태양이 주는 복사에너지를 받을 수 없는 지구는 반대로 자신의 에너지를 방출하게 된다. 에너지를 방출하면 지면과 대기의 온도는 자연스럽게 떨어지고 특히 지면의 경우 대기에 비해서 온도가 크게 내려간다. 그 차가운 지면 근처에 있는 수증기들이 물방울로 변하는 현상을 복사안개라 한다.

복사안개는 땅안개라고도 불린다. 복사안개가 생기려면 구름 없는 맑은 날의 약한 바람과 안정된 대기 상태라는 조건이 필요하다. 하지만 안정된 대기가 높게 형성되기는 쉽지 않아서 복사안개의 높이도 마찬가지로 낮은 편이다. 우리나라 내륙에서 가장 빈번하게 발생하는 것이 이 복사안개다. 주위에 호수나 강 같은 수원이 없어도 발생할 수 있기 때문이다. 수증기라는 재료를 공급해주는 수원이 있으면 훨씬 발생할 가능성이 높지만 이 경우 복합적인 원인을 가지는 경우가 대부분이다. 한국의 도로는 대부분 경사나 커브가 있는 경우가 많아 복사안개는 출근길 전후에 사고가 나는 큰 원인 중 하나다. 대신 발생 조건이 비교적 많이 연구가 되어 있어 다른 안개보다는 예보하기 편할 때도 있다.

복사안개 다음으로 흔히 나타나는 안개는 이류안개일 것이다. 이류안개는 바다에서 주로 생성되기 때문에 바다안개, 즉 해무라고도 불린다. 시원한 바다 위로 따뜻한 공기가 이동할 때 일어나는 현상이 주 원인이다. 따뜻한 공기는 바다를 지나면서 수분을 공급받는 동시에 열기가 식는다. 이때 자연스럽게 수증기 응결이 일어나고 해수면부터 공기가 안정된 곳까지 포함하여 꽤 넓은 범위에 낮은 층운 같은 안개 지역이 형성된다. 우리나라에서 이류안개를 가장 쉽게 볼 수 있는 지역은 서해안이다. 서해 뿐 아니라 삼면이 바다인 한반도에서는 언제든 조건만 갖추어지만 나타날 수 있는 현상이기도 하다.

여름에는 남쪽에서 북상하는 따뜻한 바닷물과 그 바닷물로 인해 심층에서 용승한 해수가 만들어낸 이류안개가 동해상을 여러 날 동안 덮기도 한다. 이류안개가 생성되는 조건이 따스한 공기와 시원한 바다의 온도 차이이기 때문에 해수면 온도보다 기온이 높은 계절에 주로 생성된다. 보통은 4월에서 10월이라고 하지만 다른 계절에도 기온 조건을 충족한다면 얼마든지 생길 수 있어 서해안의 예보관들을 늘 긴장하게 만든다. 거기다 바람 방향에 따라서 어떤 날에는 바다 위에만 머물고 어떤 날에는 내륙 깊숙이까지 다가오니 예측하기도 쉽지 않다.

복사안개와 이류안개가 정말 다르다는 것을 느낀 일이 있다. 내륙에서 2년간 복사안개만을 경험했던 내게 안개란 아침이 되면 자연스럽게 사라지는 현상이었다. 해가 뜬 후 두세 시간 지속이 될 때도 있었지만 오전을 채 넘기지 않았었다. 해안 지역으로 전근을 오고 난 후 겪은 이류안개는 그야말로 하얀 악마였다. 하루 종일 온 동네가 구름에 휩싸여 있는 기분은 물론이고 언제 사라질지 모르니 그저 조심하는 수밖엔 없었다. 멀리서 다가오는 차량이 보이지 않으니 사람도 차도 모두 조심조심 다니는 것이 느껴졌다.

특히 해안을 끼고 있는 지역에선 복사안개와 이류안개가 복합적으로 생기는 경우가 많았다. 이런 안개를 연안안개coastal fog라고 하는데 앞서 이야기 했던 영종대교의 106중 추돌사고를 일으킨 안개도 연안안개가 원인이었다. 그날 촬영된 다큐멘터리를 보면 다리 주위로 하얀 물감을 칠한 것 같은 모습을 볼 수도 있다. 요즈음도 서해안에는 종종 해무가 나타나는데 영종대교와 인천대교에는 안개가 짙게 낄 때마다 제한 속도를 낮춘다. 혹시 모를 사고를 예방하기 위해서다.

비슷해 보이지만 다른 안개의 세계

가장 대표적인 안개 외에도 전선안개가 있다. 전선이라는 단어처럼 저기압 상에서 온난전선이 있을 때가 원인이 된다. 따뜻한 공기와 차가운 공기가 만날 때 온난전선에서는 차가운 공기를 아래에 두고 따뜻한 공기가 천천히 허공을 타고 올라간다. 타고 올라가는 면을 따라 구름이 발생하고 비가 내리는데 안개는 바로 그 전선면과 지표 사이에서 발생한다.

따뜻한 공기에서 내리는 비는 온도가 높은 경우가 많고 이 경우 빗방울이 내리면서 지표의 습도는 점점 높아진다. 내린 빗방울 또한 계속 증발하다가 결국 공기 안에 수분이 꽉 차게 되면 안개가 형성되는데 비와 함께 형성되다 보니 약한 이슬비처럼 고운 입자의 빗방울과 함께 나타나는 편이다. 초보 관측자들이 가장 곤란해 하는 기상 현상이기도 하다. 이 현상이 비인지 이슬비인지 안개인지 구분하기가 쉽지 않기 때문이다. 가시거리는 가시거리대로 낮고 그렇다고 뚜렷하게 빗방울이 떨어지는 것도 아닌 상황을 자주 마주친다. 지면도 젖어 있으니 강수 현상에 관련된 문의가 기상청에 끊임없이 들어와, 예보관들이 울상을 짓기에 딱 좋다.

김안개는 주로 따뜻한 물 위를 차가운 공기가 지나갈 때 생긴다. 라면에 물이 끓기 직전 증발한 수증기가 바로 냉각되면서 하얗게 김을 만드는 것과 같은 원리이다. 잔잔한 호수나 강 위에서 주로 보인다. 큰 수원이 없다면 발생하기가 조금 힘들고 해가 뜨면 공기가 금방 데워지기 때문에 새벽과 아침, 혹은 일몰 직전 비교적 짧은 시간에 볼 수 있다. 댐이 만들어진 인근 지역에는 김안개가 종종 관측된다. 흰 연기 같은 김이 아지랑이처럼 피어오르는 광경은 아름답기도 해서 사진작가들이 그 장면을 찍기 위해 호수를 찾기도 한다.

한국에서 발생하는 안개는 복잡한 지형 탓인지 여러 가지 원인을 가지고 있다. 뚜렷한 원인이 보이지 않는데도 안개가 낄 때는 사후에라도 원인에 대한 분석을 자세히 하는 사례분석이 필요하다. 레이더로 탐지하기도 힘들고 위성 영상으로 밤에 안개를 탐지하는 것은 한계가 있다. 낮은 구름과의 구분도 어렵다. 특히 지역의 특성을 잘 모르는 시기에는 우스갯소리로 하늘이 노했다고 표현하기도 한다. 예보관에게 일을 열심히 하라는 뜻으로 하늘이 내려주는 벌 같기 때문이다.

자연이 이루어내는 신비한 현상. 안개를 맞이할 때면 늘 그런 감정을 느낀다. 구름이 손에 잡힐 듯 내려온 모습이 마냥 싫지만은 않다.

조금 더 재미있는 기상학 정보

활승안개滑昇안개: 산의 사면을 따라 수증기를 머금은 공기가 올라가며 단열냉각으로 인해 생기는 안개·구름이 생성되는 원리와 비슷하며 아래에서 보면 낮은 층운으로 보일 때도 있다.

전선안개前線안개: '전선'이라는 이름대로 전선이 지나가며 생기는 안개. 전선안개는 특히 온난전선이 지나가며 발생하는 경우가 많다. 온난전선은 차가운 공기 위를 따뜻한 공기가 타고 올라가는 형태의 전선이다. 차가운 공기는 무겁고 온난한 공기가 가벼우므로 전선면에서 냉각이 일어나긴 하지만 급격한 불안정이 생기기는 어려운 편이다. 이러한 전선에서는 비가 내리면서 아래쪽 차가운 공기에 수증기를 공급하는 역할도 한다. 전선면 위쪽에 비해 공기가 차가우므로 더욱 쉽게 포화되어 안개를 생성하게 된다. 전선안개에서는 약한 비와 함께 안개가 끼는 경우가 잦다. 보다 경사면이 큰 전선인 한랭전선도 전선의 경사면을 따라 같은 원리로 안개가 생기기도 한다. 전선면이 길어 안개의 지속 시간이 긴 온난전선과 달리 한랭전선에서는 지속 시간이 비교적 짧은 편이다.

김안개 : 목욕탕에 들어갔을 때, 따뜻한 욕탕의 물에서 수증기가 아지랑이처럼 올라오는 것을 본 적이 있을 것이다. 혹은 인터넷에서 노천 온천의 광고를 볼 때 온천수가 증발을 일으키며 안개처럼 주변을 감싸는 사진도 있다. 이것이 바로 김 안개의 원리다. 밤 사이 지면에서 충분히 냉각된 공기가 따스한 수증기 위를 지날 때, 수면에서 증발 활동이 활발하게 일어나며 마치 실뱀이 물속에서 스며 나오는 것 같은 김 안개가 생긴다. 자욱한 안개는 지역의 명물이 되기도 한다. 우리나라에서 유명한 김안개 명소는 춘천의 청평호, 안성의 고삼저수지, 청송의 주산지 등이 있다.

연안안개沿岸안개: 연안안개는 이류안개와 복사안개가 복합적으로 나타나는 안개다. 따뜻한 공기가 지속적으로 유입되는 조건 아래에서 이류안개가 생겨 연안으로 바람을 따라 밀고 들어온다. 또한 해안에서는 지면이 차가워져 복사안개가 나타난다. 이 두 안개가 연안에서 만나 합쳐지면 지속 시간도 길고 농도도 매우 짙은 연안안개가 된다.

보이지 않아도 조심조심

#도로 결빙 #교통사고 #겨울 날씨 #언비

겨울에 막 들어서는 날이었다. 추분은 한참 전에 지나서 일곱 시에 집에서 나오면 새벽별이 총총 뜬 하늘 밖에 볼 수가 없었다. 피곤한 몸을 이끌고 버스에 올랐다. 종점까지 가는 버스를 타고 출근하다가 보니 길이 젖어 있었다. 새벽에 비라도 왔던 것인지 대수롭지 않게 생각하고 있는데 신호등에 걸려 멈추려던 버스가 미끄러지는 감각이 훅 끼쳐왔다. 버스는 중앙선을 살짝 벗어나 교차로가 시작되는 지점까지 나가 있었다. 드문드문 자리에 앉은 승객들 모두 버스 기사님의 눈치를 살폈다. 기사님은 이내 길이 미끄러워 제동을 못했다는 상황 설명과 함께 비상 깜빡이를 켜고 원래 있어야할 위치까지 조심스럽게 후진을 했다. 차량이 비교적 드문 시간에 통행량이 적은 교차로여서 다행이었다. 본격적인 출근 시간에 이런 일이 생겼다면, 하고 생각하자 아찔한 상상이 머릿속을 스쳐지나갔다.

자동차를 통한 이동이 점점 늘어나고 있다. 대한민국의 도로를 달리는 차들의 수 또한 점점 늘어난다. 2010년에는 일 13,000대가 채 되지 않았던 일평균 교통량이 2019년에는 15,000대가 넘게 되었다. 평균 교통량이 늘어난 상태니 원래도 자동차로 꽉 차 있던 수도권이나 대도시의 차량 통행은 더욱 잦아졌을 것이다. 특히 승용차의 통행 비율이 늘어났다. 연도별 주행거리 또한 자동차 1,000대 당 393km에서 491km가 되었다. 차량이 이동하는 거리 또한 눈에 띄게 늘어난 것이다. 도로 사정이 좋아지고 점점 원거리 근무가 늘어나는 것처럼 그 원인은 수도 없이 많다.

그래서인지 사람들은 출퇴근 시간에 변화가 생기는 것을 유독 싫어한다. 최대한 빨리 효율적으로 출근해서 회사에서 조금이라도 여유 시간을 즐기길 원한다. 비나 눈이 예보된 날에는 더하다. 예보관들도 다르지 않다. 제발 내가 출근하는 시간은 피해서 비가 내려주기를 바라는 마음은 누구나 같다. 비나 눈이 오면 대중교통으로 통행을 하던 사람들이 승용차를 타고 출퇴근을 하는 등 평소 생활의 패턴도 바뀐다. 비나 눈이 많이 오는 그 시간도 문제지만 비가 그치고 난 후에도 걱정은 이어진다. 베테랑 예보관들조차 쉽게 예측할 수 없는 도로 위의 보이지 않는 위협, 도로 결빙 때문이다.

매년 초겨울이 되면 도로 위에는 어는 비와 도로 살얼음에 대한 뉴스가 쏟아진다. 아예 도로가 꽝꽝 얼어붙는 겨울이 아니라 초겨울인 이유는 사람들의 방심이 만들어내는 큰 사고가 종종 있기 때문이다.

어는 비_{凍雨, freezing rain}는 사람들 사이에서는 두 가지 의미로 쓰인다. 얼어서 내리는 비와 내리면서 어는 비다. 얼어서 내리는 비는 비라기보다는 진눈깨비나 싸락눈의 형태를 하고 있는데 아주 작고 투명한 얼음 덩어리가 떨어진다. 이때, 보통 지면의 온도는 영상이기에 금방 녹기도 한다. 가끔 눈인지 비인지 우박인지 헷갈리는 강수 현상이 생기는데 경우에 따라 다르기는 하지만 어는 비 일 확률도 있다. 기상학적으로 이야기하면 이 비는 어는 비가 아니라 언비_{frozen rain, sleet}나 얼음싸라기라고 하는 것이 더 정확하다. 이미 얼어붙어서 내리는 비를 말하는 것이다.

실제 기상학에서 표현하는 어는 비는 조금 다르다. 어는 비는 과학 용어로 과냉각 수적을 포함하여 내리는 빗방울로 표현된다. '과냉각'이라는 용어가 낯선 사람들이 훨씬 많을 것이다. 아주 쉬운 예가 우리 주변에도 몇 가지 있다. 차가운 물을 냉장고에 넣어도 얼지 않는 일이 종종 있다. 분명 물과 냉장고의 온도는 영하를 가르치고 있는데 물이 얼지 않는다. 물에서 얼음으로 변화하려면 온도 변화뿐만이 아니라 변화가 시작되는 시작점의 역할이 필요하다. 가만히 병 안에 들어있는 상태로 전혀 움직임이 없다면 외부의 충격도 먼지와 같은 물질도 존재하지 않는 것이다. 술을 좋아하는 이들이라면 차가운 냉장고에서 꺼낸 초록색 소주병을 한번 탁 치자마자 병 안의 술이 얼어가는 모습을 본 적이 있을 것이다. 그 또한 과냉각되었던 알코올이 충격을 받아 냉각되는 자연현상이다.

이론상으로는 물이 0도보다 내려가면 반드시 얼어야 할 것 같지만 실제 현실에서는 그렇지 않은 경우가 많다. 구름이 생성되는 이유 중 하나도 이런 과냉각된 물 때문이다. 이런 물이 공중에 떠 있지 않고 지면으로 내려올 때가 있다. 대기 중층(5km 정도의 높이)의 온도는 매우 낮은 상태에서 빙정으로 존재하던 수증기가 대기 하층에서 따뜻한 기온을 만나게 되면 다시 녹아 빗방울이 된다. 그런데 이 상태에서 지면으로 내려올수록 급격하게 온도가 내려가 영하가 되면 빗방울이 다시 급격하게 얼어붙는다. 이때 온도가 낮아지는 층의 두께가 두꺼우면 얼음싸라기 같은 형태로 내리고 지면에 너무 가까우면 비로 내린다. 그 중간 즈음의 어딘가에서 어는 비가 되는 것이다.

어는 비는 종종 도로 결빙 현상인 블랙 아이스(도로 살얼음)를 유발한다. 지면에서 급격하게 차가워져 그대로 얼어붙은 빗방울은 겉으로 보기에는 그저 노면이 좀 젖은 정도로 밖에 보이지 않는다. 특히 어두운 밤에 가로등에 비친 도로의 모습과 다르지 않기 때문에 많은 운전자들이 방심하곤 한다. 설마 하는 마음이 만들어낸 사고는 사람들이 상상하는 것 이상으로 많았다. 2015년부터 2019년 간 눈길 교통사고의 2배에 가까운 5천 건 이상의 교통사고와 세 자릿수의 사망자가 기록되었다. 사고 위험을 줄이기 위해서는 예측 정보를 연구하고 사람들에게 위험성을 알리는 것이 가장 시급했다.

해마다 블랙 아이스에 의한 사고는 줄어드는 기색이 없다. 블랙 아이스의 원인이 되는 기상 현상들 또한 운전을 위협하는 요소가 된다. 어느 비는 말할 것도 없고 종종 대기 중의 습도가 높아 짙은 겨울 복사무가 껴 땅까지 적시며 빙판길을 만들어 낸다. 밤 사이 내린 눈은 햇볕으로 녹아 길을 적신다. 젖은 길이 마르지 않은 채 해가 지고 기온이 떨어지면 녹았던 눈의 흔적이 그대로 얼어버린다. 이 현상은 도로뿐만 아니라 주거 구역의 지상 주차장이나 그늘진 인도에서도 자주 나타나 사람들의 낙상사고를 유발하기도 한다. 2012년에 김포에서 25중 추돌사고를, 2020년에 경북에서 18중 추돌사고가 생긴 원인 또한 얼어붙은 지면 때문이었다.

우리나라는 특히 커브길이 많은 도로 구조를 가지고 있다. 산지가 많다 보니 터널과 그늘도 많은 편이다. 건물에 가려져 하루에 햇살이 채 두 시간도 들지 않는 도로들 또한 도로 결빙의 위험에서 피할 길이 없다. 눈에 띄지 않고 도로 상태가 멀쩡해 보이는데 핸들과 브레이크가 마음대로 움직이지 않는 경험, 마치 신발이 바닥에서 미끄러지는 것처럼 자동차 전체가 미끄러지는 경험은 겪어보지 않은 사람이라면 공감하기 힘든 공포다. 큰 사고가 있고 언론에 소개된 후로 날이 차가워질 때면 라디오에서 도로 결빙에 관한 주의를 흔히 들을 수 있게 되었다. 겨울이면 형식적으로 하는 말이려니 하고 넘어갔다가는 위험한 상황에 처할 수도 있으니 사전에 주의하는 것만이 답이다.

사고를 방지할 수 있는 가장 확실한 방법은 운전을 하지 않는 것이지만 대한민국의 교통량이 지금보다 줄어들지는 않을 것이다. 코비드-19 사태로 인해 대중교통 이용을 꺼리는 사람들도 많이 늘었다. 교통량이 늘어난 만큼 집중 시간대의 사고는 다중 충돌 사고로 확대되기 쉬워졌다. 그러니 방어 운전과 조심 운전을 하는 것이 가장 필요한 일이다. 앞 차와의 안전거리를 지키는 것과 겨울용 타이어를 장착하는 일도 잊어서는 안 된다. 생명을 구하는 선인 안전벨트 또한 최후의 순간 내 생명을 구해줄 수도 있을 방어 장치이다. 도로공사에서도 열선을 깔고 도로 위에 여러 처치를 통해 사고를 방지하기 위해 노력하고 있다.

봄이 오는 듯 날이 조금씩 따스해진다. 하지만 아직 얼었던 땅은 채 녹지 않았다. 겨울 초입에도 사고가 종종 발생했는데 이번 겨울은 또 유난하게 눈과 비가 잦았다. 안개도 심심하면 찾아오는 손님이다.

기상정보에서 결빙에 관련된 자료를 발견하는 날이면 자동차 출퇴근을 하는 지인들에게 한 번 더 눈길이 간다. 예보관이 할 수 있는 최선은 예보를 내는 일, 도움이 되도록 정보를 알리는 것이다. 나머지는 모두 자신의 선택이기에 조마조마한 상태로 부디 큰 사고 소식이 없기를 바라는 마음으로 출근이나 퇴근을 한다. 그것만은 어느 지역의 예보관이든 마찬가지일 것이다.

한 TV프로그램에서 서해의 끝, 북격렬비도에서 근무하는 등대지기 분들이 출연했다. 익숙한 지명에 눈을 휘둥그레 뜨고 그분들의 삶과 일을 자세히 보았다. 북격렬비도는 기상청 사람들에게도 굉장히 중요한 섬이다. 태안반도의 서쪽 65km 해상에 위치한 세 개의 섬을 격렬비열도라고 부른다. 삼각형 모양으로 배치된 세 개의 섬 중에 북쪽에 위치한 섬에 등대를 비롯해 여러 가지 관측 장비들이 설치되어 있다. 서해에 있는 섬 중에서 육지와 가장 멀리 있기 때문에 북격렬비도의 AWS^{Automatic Weather System, 자동기상 관측시스템}는 기상 관측 시 강수가 시작되고 풍계가 바뀌는 기점을 알 수 있는 척도다. 기상청에서 하도 자주 언급되어 북격렬비도라는 정식 명칭보다는 '격비'라는, 애정과 편의를 담은 비공식적인 약칭도 자주 사용한다. 2004년에 설치되어 외로운 섬에서 서해의 날씨를 알려온 기상청의 등대와 같은 존재다.

북격렬비도의 장비는 여러 가지가 있다. 우리나라 중부 지방에 다가오는 기상 현상을 더욱 면밀하게 관측하기 위해 그곳은 기상기지라고 불리지만 무인으로 운영된다. 파랑계와 자동기상 관측 장비, 윈드프로파일러(레이저를 쏘아서 대기 상태를 알 수 있는 관측 장비), 부유분진측정기(주로 PM10을 측정하는 장비)와 같은 중요 장비와 그 장비들을 운영하기 위한 발전기, 그리고 자료를 전송할 위성통신장비까지 풀세트로 갖추어져 있다.

서쪽의 장비가 무인이라면 동쪽과 남쪽, 그리고 북서쪽에서는 유인으로 관측을 수행한다. 대한민국의 동서남북에는 '오지'라고 불리는 여러 꼭짓점 기관이 있다. 대표적인 예가 백령도다. 인천광역시민으로 분류되지만 근무하는 내내 북한이 코앞에 있다는 사실을 확인하고 정기적으로 군사훈련도 받는 곳이다. 서해 5도라고 불리는 휴전선 인근 백령도, 대청도, 소청도, 연평도, 그리고 우도 중에서 가장 큰 섬이고 실향민과 군인 그리고 지역 주민들이 한데 모여 민족의 갈등 한가운데에서 살고 있다.

그럼에도 불구하고 백령도에는 여러 중요한 기상 관측 기기가 많다. 부유분진측정기는 봄철 북서쪽 황사를 탐지하는 중요한 기준이 된다. 백령도에서 약 2시간 가량이면 인천에도 황사(PM10) 농도가 올라가는 일이 많다. 2시간 후의 기상 현상을 자리에 가만히 앉아서 알 수 있는 것이다. 레윈존데 Rawinsonde, 라디오존데라고도 하는 공중부양 관측 기기 관측도 하는데 이 관측은 헬륨을 넣은 풍선에 낙하산과 기상 관측 장비를 매달아 가장 단순한 방법으로 지상부터 상층의 기상 상태를 확실하게 알 수 있는 방법이다. 다른 관측 장비가 많아진 요즈음에도 레윈존데는 대기의 모든 층에 대한 예상치가 아닌 실제 관측 자료를 볼 수 있기 때문에 기상 분석에 이용하는 사람들이 많다.

동해의 가장 유명한 곳은 뭐니 뭐니 해도 울릉도와 독도일 것이다. 울릉도는 기후변화감시소가 있으며 동해 끝자락에서 겨울에는 눈과 여름에는 파도와 함께한다. 동해상에 생긴 적운열로 인해서 눈이 허리까지 오는 경우도 종종 있다. 울릉도에서 동남쪽으로 뱃길 따라 이백 리. 듣기만 해도 콧노래가 절로 나오는(그리고 "제시카 외동딸 일리노이 시카고"라는 새로운 가사가 나오는) 가사처럼 울릉도의 동남쪽에 독도가 있다. 이곳 또한 북격렬비도처럼 기상관서는 없지만 AWS를 통해서 기상 관측 자료를 수신 받는다.

아는 사람은 많지 않지만 울릉도의 중요한 역할 중 하나는 바로 기후변화를 감시하는 것이다. 울릉도에는 세계기상기구WMO에서 지정한 기후변화감시소가 설치되어 있다. 기후변화감시소는 아시아대륙에서 발원한 기후변화 물질의 한반도 이동과 유입을 감시 할 수 있도록 지정한 곳이다. 바다 한가운데에 있다 보니 공장이나 자동차 매연 같은 지역 일부의 오염물질을 제외하고 대기의 흐름에 따른 관측을 하기 최적인 장소로 선정된 것이다.

남쪽의 제주도는 말할 것도 없다. 우리나라는 산이 높고 섬이 많은 만큼 여러 섬에 기상 관측 기기가 설치되어 있다. 기상레이더도 두 대가 설치되어 있으며 중요 기상기관들이 잔뜩 있다. 제주도에서도 더 남쪽, 마라도에서 149km떨어진 이어도에는 종합해양과학기지가 설치되어 있다. 국립해양조사원에서 설치한 관측기지 덕분에 제주도 남쪽의 기상 상황도 알 수 있게 되었다.

동, 서, 남의 세 방향에 있는 장비들을 관리하는 것은 늘 기상청의 과제다. 태풍이라도 하나 통과하고 나면 섬세한 기상 장비는 사람의 손을 필요로 하는 경우가 많기 때문이다. 무인도에 설치되어 있는 장비들은 그때그때 고치기도 힘들다. 남서쪽에는 흑산도와 홍도가 있다. 이 섬에도 기상관서가 있다. 백령도와 마찬가지로 고층관측을 진행한다.

우리나라는 섬이 참 많다. 보조요원을 통한 전문 업무로 전환되기 전에는 입사 후 첫 업무가 기상관측인 경우가 많았다. 대부분 갓 입사한 신규자가 처음 일을 배울때 시작하는 업무처럼 여겨졌다. 그러다보니 기상청의 삼대 섬(흑산도, 울릉도, 백령도)에 발령을 받는 경우도 종종 있었다. 직원들에게는 절대 가고 싶지 않은 오지 중의 오지다.

첫 사회생활을 섬으로 시작하게 된 직원들은 때로는 울기도 했고 가족의 반대로 사직서를 내기도 했다고 한다. 조직 개편이 반복되면서 관측은 전문요

원의 객관적 업무로 점차 바뀌었다. 많은 불편이 있음에도 불구하고 '오지'라고 불리는 기관을 포기하지 못하는 것은 기상 자료를 축적해야 할 필요성이 크기 때문이다. 다만 통신 기술이나 장비의 안전성이 개선되면서 관측자는 조금 더 편한 방법으로 기상 관측을 할 수 있게 되었다. 안개가 끼면 종종 끊기던 자료들도 이제는 대부분 편리하게 받아볼 수 있다. 산 정상에서도 바다 한가운데에서도 인터넷이 연결되는 인터넷 강국이 되었으니 당연한 일일지 모른다.

만약 우리나라가 유럽에 있는 나라들처럼 나라와 나라가 육지를 통해 붙어 있었다면 기상정보를 얻기가 훨씬 쉬웠을 것이다. 실제로 유럽의 나라들은 관측 자료를 실시간으로 공유하면서 예보 또한 연합해서 내기도 한다. 섬에 자동기상 관측시스템을 구축하는 것은 육지에 구축하는 것보다 많은 인력과 비용이 소모된다. 설치만 하면 끝나는 것도 아니다. 장비들을 정비하기 위한 전문 인력도 필요하다. 한반도를 둘러싸고 있는 바다 중간에 우리나라의 경계가 있다. 그 경계 밖의 기상 현상은 아무리 우리나라와 가까워도 관측하는데 제약이 따른다. 특히 해상에서 이동하는 기상 현상이나 해수면 온도를 측정할 수 있는 가장 정확한 방법이 바다 위에서 관측하는 것이다. 그렇기에 어려움을 알면서도 바다 위의 기상 관측을 해마다 보수하고 강화한다.

오늘날 기상예보의 핵심인 수치 모델의 정확도를 평가하고 또 그 수치 모델의 자료를 개선하는데 사용하는 것도 이런 기상 자료들이다. 섬과 같은 오지에서 관측한 자료만 들어가는 것은 아니지만 내륙의 관측이 아무리 자세해도 바다 위의 자료가 없다면 그 자료의 신뢰는 떨어지기 마련이다. 바다는 중요한 수증기 공급처이고 안개와 비구름을 만들어내며 때로는 차가운 육지를 따스하게 만들어주고 때로는 너무 더운 육지를 식혀주는 역할을 하고 있다.

'위성', '레이더', '슈퍼컴퓨터'……. 기상예보를 위해 예보관들이 이용하는 정보는 매년 다양해진다. 원격관측 기술은 점점 발달하고 있고 요즘에는 CCTV를 이용해서 관측하는 곳까지 늘어났다. 기상청만의 발전은 아니다. 최첨단 기술이 사용되고 있는 현재, 기술보다 인간이 앞서있는 부분은 분명히 존재한다. 지상에서의 정보를 아무것도 받지 못한 채로 원격 관측 정보만 받는다면 기상예보의 정확도는 훨씬 낮아질 것이다. 정확도만 낮아지는 것이 아니다. 섬이나 바다 위에 설치된 기상 관측 기기들이 없다면 선박이 받을 수 있는 정보가 순식간에 줄어든다. 바다를 질주하는 배들의 안전을 위해서도 꼭 필요한 장비들이다.

위험할 때도 있다. 관측 업무는 때로 모두가 기피하는 업무가 되기도 한다. 그럼에도 사람들이 계속 바다를 향해 나아가는 것은 언젠가는, 누군가는 해야 할 일이기 때문일 것이다. 날씨를 위해 섬으로 가는 사람들. 그분들 덕에 컴퓨터 앞에서 편안히 앉아 전국의 기상정보를 볼 수 있다는 사실에 늘 감사하게 된다.

기원 후(AD) 79년 8월 24일. 지금으로부터 약 2천 년 전에 전 세계에서 가장 유명한 화산 폭발 중 하나가 일어난다. 이탈리아 남부, 나폴리 연안에 있는 베수비오 화산의 폭발이다. 근처는 대부분 평지였는데 우뚝 솟은 산에서 거대한 폭발과 함께 검은 연기가 끝도 없이 나오며 하늘을 덮기 시작했다. 베수비오 화산 바로 아래에 있는 도시인 폼페이는 화산의 영향을 받아 그대로 화산재 속에 묻혀버린다. 3천 명이 넘는 시민이 목숨을 잃었고 폼페이는 그대로 지면 아래에서 1,500년 동안 잠들어버렸다. 당시의 인구밀도를 생각하면 엄청난 피해다.

폼페이 유적은 동화 〈잠자는 숲속의 공주〉에서 성 안 사람들이 모두 잠들어버렸던 것처럼 살아있다고 해도 믿을 만큼 생생한 모습으로 남아 화산 피해가 재앙이 될 수도 있음을 알리는 계기가 되었다. 지금까지도 다양한 영화나 소설로 만들어지는 베수비오 화산 폭발 기록을 비롯해서 세계의 화산 폭발은 근처에서 사는 사람들을 공포에 떨게 한다. 그야말로 천재지변이라고 말할 수밖에 없다. 화산 활동이 내뿜는 모든 분출물은 인간뿐만 아니라 인근에 있는 많은 생물들의 목숨을 빼앗을 수도 있는 것들이다. 단기적으로 지구의 환경을 바꿀 수 있는 가장 큰 자연현상 중 하나다.

화산 분출로 인해 터져 나오는 것은 크게 용암과 화산쇄설물, 화산가스로 나뉜다. 용암은 우리가 잘 아는 바로 그 시뻘건 마그마다. 화산쇄설물은 덩어리가 큰 바위나 돌멩이 크기부터 먼지에 가까운 화산진 크기까지 다양한 입자의 화산 분출물을 말하며, 화산가스는 화산이 폭발할 때 배출되는 화학물질을 의미한다. 그 모두가 환경에 엄청나게 많은 영향을 주지만 그중에서 가장 광범위한 영향을 주는 것은 바로 화산재와 화산진으로 인한 것들이다. 사실 언론 등에서는 화산진이라는 용어는 크게 사용하지 않고 화산재라는 용어로 가장 작은 입자의 화산 분출물을 많이 표기하는 편이다.

화산재는 보통 직경 0.0625mm~4mm 정도다. 빗방울의 크기가 평균적으로 2mm가량이니 빗방울과 비슷한 정도라고 보면 된다. 빗방울처럼 구형이 아닌 암석 입자가 잘게 부서진 형태를 하고 있기 때문에 직경이 빗방울과 비슷할지라도 모양은 완전히 다르다. 화산재보다 더 작은 입자를 의미하는 화산진은 직경이 0.0625mm 이하이다. 안개 입자 직경이 0.2mm 정도이므로 안개 입자와 비슷하거나 작다. 화산재와 화산진 모두 화산이 폭발할 때의 에너지로 하늘 높이 솟았다가 무거운 입자부터 서서히 지상으로 낙하하며 지상에 영향을 미친다.

화산이 두려운 이유 중 하나는 당장 이 장소를 탈출할 수 없을 때 느끼는 절망감이다. 영화에서 보는 것과 같이 펄펄 끓는 용암이 마을을 덮는 일은 사람들이 생각하는 것보다 그리 자주 있는 현상이 아니다. 영화 〈단테스피크 Dante's Peak〉와 〈볼케이노 Volcano〉는 둘 다 1997년에 개봉해 화산에 대한 경험이 거의 없던 한국 사람들에게 영화로나마 화산의 무서움을 알려주는 영화였다.

이 영화들에는 산에서부터 미끄러져 내려오는 마그마에 모든 것이 덮이고 타버리는 장면이 나온다. 도저히 벗어날 길 없는 극한의 화염 속에서도 등장인물들은 어떻게든 살아남는다. 실제 화산이 폭발하면 야구공 크기 정도의 낙석에도 많은 시설과 인명피해가 발생하고 산사태나 눈사태 등 화산이 폭발하는 충격으로 산에서 일어나는 피해가 크다. 용암류로 인해 9,300명이 사망했던 1783년의 아이슬란드 라키^{Laki} 화산 이후로 용암류가 주요 피해 원인이었던 화산은 거의 없다.

화산이 터지기 전에는 꽤 많은 전조 현상이 있다. 땅 속에 사는 동물들의 움직임이 예민해지고 약한 지진처럼 느껴지는 땅울림이나 흔들림 현상이 일어나기도 한다. 마그마가 많이 부풀어 오르는 지역은 땅이 솟아오르는 현상도 나타난다. 주변의 기온이 오르는 것도 한 가지 예다. 화산활동으로 인한 가스가 새어 나오면서 동물들이 질식하는 경우도 있다. 평소에 활동이 거의 없는 화산이라면 이러한 점이 특별한 일로 인지될 수 있지만 어떤 화산들은 정기적으로 분출을 계속하고 있기에 연속된 작은 폭발들로 큰 폭발에 대한 위험을 느끼지 못하는 일도 있다. 때로는 인간이 인지하지 못해 전조현상 없이 폭발하는 것처럼 보이는 화산도 존재한다. 때문에 각 나라의 기상청에서는 화산 분화구를 살필 수 있는 곳에 실시간 감시 카메라를 설치해 두고 늘 활동을 감시하는 편이다. 지진 관측 장비도 많이 발전해서 화산 인근에서 진동이 느껴지면 재빨리 분석할 수 있다.

화산재를 머리 위로 뿜는 화산의 힘이 다양한 탓에 화산이 만들어내는 분연주 ^{ash plum, 화산 분화가 일어날 때 만들어지는 화산재와 화산가스로 이루어진 구름}의 높이도 천차만별이다. 최근에는 2019년 8월에 파푸아 뉴기니에서 폭발한 화산의 분연주 높이가 20km까지 치솟아 오르기도 했다. 수평적인 길이로 치면 김포국제공항에서부터 강남까지의 거리이다. 수직적으로는 성층권까지 솟아오른 셈이다. 지면과 접한 층인 대류권은 적도 지방에서 16~18km, 중위도에서는 10~12km, 극지방에서는 7~8km 정도이기 때문이다. 분수의 물이 뿜어지듯 강하게 상승한 화산재는 그대로 상층의 빠른 바람을 타고 확산하기 시작한다. 낙하하는 속

도보다 확산하는 속도가 빨라 마치 바람에 작은 모래 입자가 실려 가듯이, 황
사가 이동하는 현상처럼 움직이는 모습도 보인다. 때로는 40km, 즉 성층권의
상부까지 올라간다. 대기가 안정적인 성층권에서는 화산재를 비롯한 화산 가
스의 물질들이 오랫동안 떠돌게 되고 이들은 태양빛을 지상에 도달하지 못하
게 하는 역할을 한다.

평온해 보이는 날씨에 화산 분연주가 뿜어져 나오고 있다.
러시아의 캄차카 반도에 있는 아바친스키 화산이다. 한반도에서도 멀지 않지만,
서풍 기류를 따라 움직이기 때문에 화산재가 한반도에 영향을 미치는 일은 적다.
(출처: 위키미디아)

이처럼 화산으로 인한 날씨의 변화는 바로 이 화산가스와 아주 작은 입자
의 화산재 때문에 생긴다. 이미 화산재로 인한 단기적인 기후변화 현상에 대
해서는 많은 연구가 이루어져 왔다. 공룡의 멸종이 화산 분화가 연속되어 나
타나서라는 가설도 있기 때문이다. 화산재Volcanic Ash, 여기서는 화산재와 화산진을 합한 개념
는 화산이 분화한 주변을 급격하게 흐리게 만든다. 일시적으로 태양빛을 가려
두꺼운 구름이 잔뜩 낀 날씨와 같은 모습을 만들어 낸다. 화산가스의 주요 구
성 성분은 수증기, 이산화탄소, 이산화황의 순서이다. 수증기와 이산화탄소는

지면 근처의 온도를 올리는 온실효과를 일으키고 이산화황은 성층권까지 올라가면 화학반응을 통해 태양빛을 반사해 지표면까지 도달하는 양을 줄인다.

1991년 6월 14일에 폭발한 필리핀의 피나투보 화산은 기록적인 화산재를 뿜어내었다. 심지어 이때는 필리핀 해상에 태풍이 있어 화산재가 태풍을 타고 멀리 날아가기도 했다. 높이 솟은 화산재는 성층권의 공기를 타고 천천히 확산했다. 기록상으로는 그 해의 북반구 평균기온이 0.5~0.6도 낮아졌다고 기록되어 있다.

우리나라에도 영향이 있었는지는 사실 그리 정확하지 않다. 다만 기후변화 감시소로 지정되어 있는 울릉도의 연평균 기온은 91년이 12.2도, 92년 12.7도, 93년 11.8도였으며 그 앞뒤 해인 90년에는 13.3도, 94년에는 13.1도를 나타냈다. 91~93년간 기온이 전체적으로 낮았던 것을 알 수 있다. 서귀포 또한 90년과 94년에 비해서 91~93년은 연평균 기온이 낮은 편이었지만 그 외 년도와 비교하면 많은 차이는 보이지 않았다. 화산과 가까운 지역일수록 더욱 기상 변화가 심했을 것으로 보인다.

기상학적으로만 영향을 미치는 것은 아니다. 화산재는 특히 항공기 엔진에 직접적인 타격을 주기 때문에 화산재가 확산되면 그 주변 항공로는 이용하지 못하도록 차단해 버린다. 2020년 1월 13일, 필리핀 마닐라 남부에서 폭발한 탈(Taal) 화산으로 인해 대한항공을 비롯한 모든 여객기가 멈추는 일이 발생하기도 했다. 해마다 한두 번씩 필리핀, 인도네시아, 아이슬란드 등 화산 활동이 활발한 곳에서는 이런 일이 일어난다. 거기다 2010년에는 아이슬란드의 화산이 폭발해 유럽의 항공편이 뚝 끊겨 항공 산업이 침체된 때도 있었다.

한국은 화산의 영향에서는 거의 벗어나 있다고 생각했다. 육지로 연결되어 있는 곳 중에서 가장 가까운 화산인 백두산은 서울과는 500km 정도 떨어져 있으며 현재는 북한과 중국 사이에 위치하고 있어 방문하기조차 힘든 곳이다. 하지만 일본과 러시아, 인도네시아와 필리핀은 매년 화산 활동에 많은 관심을 기울인다. 특히 일본의 화산 중 일부는 한국에도 영향을 미칠 만큼 화산재를 강하게 뿜어낸다. 대표적인 예가 사쿠라지마^{Sakurajima} 화산과 스와노세지마^{Suwanosejima} 화산이고 종종 화산재의 확산이 제주도까지 영향을 미치는 것으로 분석된다.

가까이 있는 화산 폭발과 일본의 대응 현장을 보고 있으면 그 신속함과 차분함에 놀라곤 한다. 그리고 '만약 한국에서 일어난다면 어떻게 될까?'라는 생각이 불현듯 떠오른다. 그 생각이 혼자만의 것은 아닌가 보다. 근처 화산의 강한 폭발이 있을 때나 한반도에서 강한 지진이 발생하면 종종 백두산의 폭발 가능성에 대한 이야기가 나온다. 몇 년 전 개봉한 한국산 화산 폭발 영화 〈백두산〉 또한 백두산 폭발을 소재로 한 영화였다. 백두산의 화산 활동 기록은 1925년 이후로는 없다. 의외로 20세기에도 화산활동을 한 것뿐만 아니라 한 세기에 한 번씩은 활동을 한 기록이 남아있다. 일부는 조선왕조실록에도 기록이 남아있을 정도다. 언젠가 21세기에도 백두산의 활동 소식이 들릴지 모른다. 하지만 그 피해가 크지 않기를, 혹은 살면서 겪을 일이 없기를 바랄 뿐이다.

조금 더 재미있는 기상학 정보

화산재의 분류: 화산에서는 화산재뿐만이 아니라 다양한 크기의 분출물이 나온다. 그 중 화산재가 포함된 입자 형태의 분출물을 화산쇄설물火山碎屑物이라고 부르며 화산의 폭발에 의하여 방출된 크고 작은 암석의 파편을 말한다. 입자의 크기에 따라 화산진, 화산재, 화산력, 화산암괴 등으로 분류한다. 아래의 분류는 환경부의 분류를 따른 것이며 연구나 학계의 기준에 따라 조금씩 다른 분류를 사용하기도 한다.

명칭	내용
화산진(volcanic dust)	직경이 1/16(0.0625)mm 이하의 세립입자
화산재(volcanic ash)	1/16(0.0625)mm~2mm 정도의 입자
화산력(lapilli)	2~64mm 크기
화산암괴(volcanic block)	64mm 이상의 것 중에서 모가 난 것
화산탄(volcanic bomb)	64mm 이상의 것 중에서 둥근 것

화산 쇄설물의 크기에 따른 분류

기후변화감시소: 기후변화감시소는 말 그대로 변화하는 기후를 감시하기 위한 관측소이다. 따라서 인간의 일상적인 활동에 영향을 많이 받지 않는 기상 관측도 필요하다. 기후변화감시는 지구대기감시와 인위적·자연적 요인에 따른 기후 시스템(대기권, 빙권, 수권, 지권, 생물권)의 장기 변화 상황을 파악·분석하는 것을 말한다. 기본적인 기상 관측 외에도 한국의 여러 기후변화 감시소에는 별도의 관측 장비가 설치되어 있다. 세계기상기구WMO에서 정하는 기후변화감시소의 관측 필요 목록은 아래와 같다. 특히 안면도, 고산 기후변화감시소는 세계기상기구 지구대기감시 프로그램GAW에서 지정한 지역급 기후변화감시소이다.

구분	관측 종류	온실가스	반응가스	에어로졸	성층권오존	대기복사	자외선	총대기침적	비고
국립기상과학원	안면도 기후변화감시소	○	○	○	○	○	○	○	기본관측 WMP GAW 지역급 기후변화감시소
	고산 기후변화감시소	○	○	○	○	○	○	○	기본관측 WMP GAW 지역급 기후변화감시소
	울릉도독도 기후변화 감시소 — 울릉도	○	○	○			○	○	기본관측
	울릉도독도 기후변화 감시소 — 독도	○							
강원지방기상청							○		보조관측
목포기상대							○		보조관측
대구지방기상청 (관측과)					○		○		보조관측(포항) WMP GAW 지역급 기후변화감시소

기후변화감시소의 관측 요소들(출처: 기후업무규정 [기상청, 2020. 4. 8.])

참고 자료

· 『'대형 화산폭발' 위기대응 실무매뉴얼』(환경부, 2015)

· 「화산 분화로 인한 대기질 영향 분석 및 화산재해 대응방안 연구」(박재은, 건국대학교 대학원 박사 논문, 2019)

📍 **태백산맥을 노니는 바람, 양간지풍**

산을 사이에 두고
바람이 불면

#양간지풍 #태백산맥 #산불 #푄 현상

남부 지방에서만 자랐고 양친의 고향도 경상도인 나는 강원도가 항상 낯설다. 수학여행을 제외하고는 강원도의 그 어느 곳도 어렸을 적 이후 가본 적이 없다. 눈이 미터 단위로 쌓이거나 산불이 나는 광경도 뉴스를 통해서나 볼 수 있는 것들이었고 같은 나라 안이라도 별세계 같은 이야기였다.

강원도에 대한 인상이 가장 깊게 남았던 때는 낙산사가 불타버렸을 때다. 수학여행 때 처음으로 낙산사를 가 보았고 신나게 사진도 찍고 추운 날씨와 내리는 눈에 경악했던 것이 어제 같은데, 얼마 후 강원도에서 산불이 났다. TV를 통해 본 그곳의 모습은 자연의 잔인함을 여과 없이 보여주고 있었다. 사람들의 걱정과 염원에도 불구하고. 바람을 타고 이동하는 불길은 바싹 마른 나무를 태우며 유유히 몇 백 년 동안 내려온 절을 태워버렸다.

그 후 대학생 때 기차 여행을 하면서 처음으로 강원도 깊숙이 들어가 보았다. 굽이굽이 산을 지나고 짙고 푸른 동해의 풍경에 쉴 새 없이 감탄했더랬다. 해발 1,000m의 산들이 포진해 있는 태백산맥은 그 자체로 날씨를 바꾸는 중요한 요인이 되곤 한다. 때로는 큰 비를 막는 장벽이 되기도 하고 거센 바람을 불러오는 좁은 문이 되기도 한다. 기상청에 다니게 되면서는 태백산맥 근처로 발령을 받고 싶지 않았다. 태백산맥 인근에 위치한 곳들은 대부분 강원지방기상청 소속으로, 내 고향인 부산과 너무 멀리 떨어져 있었기 때문이다. 직선거리라면 서울이 더 멀지 모르나 다양한 교통수단이 있는 서울과는 달리 강원에서 부산까지는 아무리 빨라도 5시간 이상이 걸린다. 하지만 태백산맥은 한반도의 날씨에 중요한 영향을 미치는 곳이었다. 늘 그곳의 영향에 대해 생각하는 날들이 이어졌다.

태백산맥이 한반도의 등줄기라는 것은 누구도 반박하지 못할 것이다. 강원도와 경상북도 내륙으로 들어가면 삐죽삐죽 솟은 산의 모양부터가 경남이나 충청도 지방과 다른 모습을 보인다. 강원도 산에 익숙한 사람들은 도로를 달리다가 산의 모양만 보고 지역이 어디쯤인지 금방 알아채곤 한다. 이렇게 산이 많은 탓에 대한민국의 교통은 태백산맥을 뚫지 않으면 동서 연결이 힘든 구조를 하고 있다. 최근에야 평창 동계올림픽을 개최한 덕분에 고속도로와 KTX가 연결되면서 교통편이 조금 더 나아졌지만 여전히 강원도는 다른 지역에 비해 도시화가 덜 된 곳이 많다. 특히 영동 지역이 그렇다.

사람 간의 교류를 막는 커다란 산맥은 공기의 변화도 만들어 냈다. 태백산맥 주변의 기압계가 어떻게 배치되느냐에 따라서 영동 지방에는 펑펑 눈이 내리는데 영서 지방은 맑고 화창할 때도 있고 그 반대의 경우도 발생한다. 강원도에서 나타나는 기상 현상 중 사람들에게 가장 크게 영향을 미치는 것이 바람과 눈이다.

산을 사이에 두고 부는 바람에는 여러 가지 종류가 있다. 그중 대표적인 예가 바로 '푄Fohn 현상'이다. 푄 현상은 다른 말로 '치눅Chinook 바람'이라고도 하고 또 다른 말로는 '높새바람(혹은 새바람)'이라고도 부른다. 푄의 어원은 스위스의 알프스 산맥이고 치눅 바람의 어원은 미국의 로키 산맥 서쪽이다. 지역을 나타내는 두 단어와 달리 한글의 높새바람은 북동풍을 뜻한다. 북풍을 높바람이라고 하고 동풍을 새바람이라 하기 때문에 붙여진 이름이다. 신기한 것은 모든 북동풍이 푄 현상이 아님에도 태백산맥의 영향이 워낙 강하다 보니 높새바람이 덥고 건조한 바람의 대명사가 되었다는 것이다. 비슷한 형태의 바람에 사람들이 다양하게 이름을 붙이는 이유는 이 바람이 자칫하면 커다란 재앙을 불러올 수 있기 때문이다.

　높새바람의 영향을 알기 위해서는 한반도의 봄철 기압계를 살펴보아야 한다. 거기에 더해서 수증기로 인해 기온의 변화가 달라진다는 지식이 조금 필요하다. 봄부터 초여름까지 영향을 미치는 오호츠크해기단은 한반도의 북동쪽에 위치하고 있다. 오호츠크해기단은 다른 기단과 마찬가지로 고기압이라고 불리기도 한다. 봄과 가을에는 기단 때문에 북동풍이 불 때가 많다.

　오호츠크해기단은 해양성기단으로 발생 지역에서 수증기가 많이 공급되는 습한 기단이다. 다만 이 수증기는 태백산맥을 채 넘지 못할 때가 많다. 그 이유는 산 위로 이동하면서 공기가 가지고 있는 수분을 비로 내려버리기 때문이다. 산맥을 따라 상승하는 공기는 외부의 온도와 수증기량이 다른 공기와 섞이지 않고 열 출입이 적은 상태로 상승하게 된다. 대기 하층의 수증기가 산맥을 타고 넘어가야 하는데 그때 고도가 높아지고 대기의 기온이 낮아진다. 이 현상을 단열 팽창에 따른 기온 하강이라고 한다. 보통 단열적으로 상승하거나 하강하는 공기의 온도 변화량은 공기가 가진 수증기의 포화 여부에 따라 건조단열감률과 습윤단열감률(혹은 포화단열감률)로 나뉘게 된다.

　처음 산맥을 따라 올라가기 시작하는 공기는 포화되어 있지 않기 때문에 보통 건조단열감률과 비슷하게 온도가 내려간다. 이때 공기에 포함되어 있던 수증기가 포화되는 온도까지 내려가면 비나 눈으로 자신이 가지고 있던 수증기를 펑펑 쏟아 붓는다. 비와 눈으로 수증기가 사라지고 있지만 산을 따라 올라가며 기온이 내려가기 때문에 여전히 이 공기는 포화되어 있는 상태이고, 100m당 약 0.5도로 기온이 내려간다. 그렇게 정상 부근에 도착한 공기는 수증기를 얼마 남기지 못한다.

　문제는 내려갈 때 발생한다. 이미 수증기를 탈락시킨 공기가 산의 경사면을 타고 내려가면서 단열적으로 온도가 상승하게 된다. 대부분의 수증기를 잃은 공기는 건조단열감률에 의해 온도가 올라간다. 건조단열감률은 100m당 약 1도. 여기서 급격히 온도가 올라가는 이유가 설명된다.

　영동 지방에서는 100미터 당 0.5도씩 떨어지던 기온이 영서 지방에서는 1도씩 올라가게 된다. 태백산맥의 높이가 1,000미터라고 생각해보자. 산을 넘기 전에 10도인 공기가 있다면 산 정상에서는 5도 정도로(0.5×10) 떨어지고 같은 높이의 영서지역으로 내려가면 15도(5+1×10)가 된다. 벌써 5도가 차이 나는데, 심지어 수증기가 없으니 건조하기까지 하다. 같은 바람이라도 덥고 건조하기 때문에 불이 나면 퍼지기 딱 좋은 바람이 되는 것이다. 태백산맥은 1,000미터라지만 미국의 로키 산맥이나 스위스의 알프스 산맥은 4,000미터가 넘어가는 경우도 드물지 않다. 똑같이 계산을 해 보면 산을 넘기 전 10도였던 공기가 4,000미터를 정상이라고 가정했을 때 −10도가 되고 산을 넘어가서는 30도가 된다. 무려 20도가 차이 날 수 있는 것이다. 계산을 편하게 하기 위해 포화되기 전의 온도 변화를 감안하지 않아 실제 계산에서는 관측값 차이가 나겠지만, 산을 넘은 공기가 건조해지고 뜨거워지는 것은 마찬가지다.

　높새바람이 불면 덥고 건조한 바람이 불어오기에 산불의 가능성도 높아지고 영서 지방의 기온이 급격하게 높아지는 원인이 된다. 농작물이나 지면이 바짝바짝 말라가고 초여름에 더위가 찾아오기도 한다. 그런데 산불 소식은 어쩐지 영서 지방보다 영동 지방에서 더 많이 들려온다. 많은 피해를 자아냈던 2019년 봄의 양양 고성 산불도 동해안에서 일어난 산불이었다. 높새바람이 분다면 습해야 할 동해안에서 산불이 많이 일어나는 이유는 푄 현상뿐만이 아니라 조금 더 복잡한 구조를 하고 있다. '양간지풍襄杆之風, 혹은 양강지풍襄江之風'이라는 이름으로 설명되는 이 현상은 강원 지역의 예보관들을 긴장하게 만드는 원인이기도 하다.

기본적인 원리는 푄 현상을 기반으로 하고 있다. 다만 이때에 영향을 미치는 원인이 높새바람(북동풍)이 아니라 봄철 일어나는 남고북저형 기압배치다. 한반도 남쪽에 세를 확장하기 시작한 고기압이 자리하고 북쪽에 저기압이 위치하면 한반도의 바람은 보통 남서풍이 주가 된다. 이 남서풍 중에서도 태백산맥을 직각으로 타고 빠르게 산사면을 올라가는 바람이 있다. 이 바람은 기온감률로 인해 온도가 낮아지는 것보다 빠르게 산 정상까지 도달한다. 산 정상에서도 정상적으로 기온이 하강한 것보다 높은 온도의 공기가 머무르다가 내려가게 된다. 예를 들면 10도였던 공기가 원래는 5도까지 내려가야 하지만 8도 정도까지 밖에 내려가지 않는 식이다. 이 공기가 다시 산을 타고 동쪽으로 내려가면 18도의 공기가 되어 온도가 다른 기압계에서 나타나는 상승폭보다 많이 오른다.

기본적으로 풍속이 빠르기 때문에 평소보다도 강한 바람이 불 터인데 봄철에 상층에 더운 공기가 위치하는 안정적인 기압배치가 이루어지는 경우가 있다. 안정적인 대기상태(주로 상층으로 갈수록 기온이 올라가는 형태로 뜨거운 물이 상승하고 차가운 물이 하강하는 것과 같은 원리로, 이런 대기상태의 공기는 움직이는 것을 싫어한다)인 역전층이 생성되면 공기를 누르는 누름돌의 역할을 한다.

태백산맥의 바로 위에 역전층이 생성될 때 산을 타고 넘는 바람의 통로는 아주 좁아진다. 고무호스에서 물을 뿜어낼 때 입구를 일부 막으면 물이 나오는 속도가 더 빨라지는 것을 볼 수 있는 것처럼 태백산맥 정상을 지나는 공기들도 좁은 통로 때문에 그 속도가 높아진다. 이 현상이 주로 일어나는 것이 강원도 양양과 강원도 고성군의 간성읍의 사이이기 때문에 바람의 명칭이 '양'과 '간'을 따서 양간지풍으로 불리는 것이다.

강원도 동해안에 사는 사람들에게 양간지풍은 악마와도 같은 이름이다.

속초에 고온 건조한 강풍이 불어 소중한 문화유산인 낙산사를 비롯해 큰 피해를 냈던 산불도, 전기 합선으로 발생한 작은 불씨들이 큰 화재를 일으켰던 양양 고성 산불도 모두 양간지풍이 원인이었다. 봄철에는 시베리아기단의 영향으로 보통 공기 자체도 건조한 경우가 많기 때문에 한반도 대부분의 지역에 건조주의보나 건조경보가 내려지기도 한다. 겨울에 눈이 많이 오지 않은 해면 더 심해진다.

자연적으로 생기는 산불을 막을 도리는 없다. 호주나 미국에서 발생해 몇 달간 넓은 면적을 태웠다던 산불이 우리나라에 생기지 않는 것을 감사하고는 한다. 다만 사람들로 인해 발생하는 산불은 그야말로 인재. 예보를 아무리 잘해도 바람의 원인을 아무리 심도 깊게 분석해도 인간이 노력하지 않으면 결국 재앙은 일어나곤 한다. 인간이 할 수 있는 일은 미리 대비하고 불이 나면 빨리 대처해 피해를 줄이는 것 밖에 없다. 바람은 멈추지 않기 때문이다.

조금 더 재미있는 기상학 정보

건조단열감률과 습윤단열감률: 건조단열감률과 습윤단열감률을 이해하기 위해서는 '포화'라는 개념을 알 필요가 있다. 공기는 온도와 기압 조건에 따라 함유할 수 있는 수증기량이 정해져 있다. 이 정해진 양 만큼의 수증기가 공기 중에 분포하면 포화, 그렇지 않으면 불포화라고 한다. '단열(斷熱)'은 주로 집에 대해 이야기할 때 많이 나오는 단어다. 단열이란 어떤 공간 내부와 외부 사이에 열의 이동이 없는 상태를 의미한다. 실제 환경에서 이렇게 열의 이동이 없기는 어렵지만 계산의 편의를 위해 가정하는 것이다. 따라서 건조단열감률은 주변 환경과 열 교환이 없는 상태로 불포화 공기가 상승할 때 기온이 하강하는 비율을 의미하고, 습윤단열감률은 마찬가지로 주변과 열 교환이 없는 상태로 포화되어 있는 공기가 상승할 때 기온이 하강하는 비율을 의미한다.

남고북저형 기압배치: 대륙에는 저기압이 형성되고 해양에는 고기압이 형성되는 여름철의 대표적인 기압배치. 고기압과 저기압이 만나는 곳에서는 공기가 불안정해 기상 악화가 발생한다.

역전층(逆轉層): 고도가 상승할수록 기온이 높아지는 기온 변화 형태를 나타내는 층을 의미한다. 주로 밤사이 지면의 냉각이 일어나 하층의 공기가 차가워지면서 일어나는 현상이다. 역전층 현상이 발생하면 공기가 안정된다. 그 이유는 온도에 다른 공기 분자의 운동 상태 때문이다. 온도가 낮은 공기에서는 분자들의 운동이 활발하지 않아 밀도가 높고 온도가 높은 공기에서는 반대로 분자운동이 활발해 밀도가 낮다. 밀도가 높은 공기 위에 밀도가 낮은 공기가 있으니 두 공기의 층이 섞이지 않는다. 때문에 지면에서 생산된 각종 오염 물질이 역전층 안에 갇혀 스모그처럼 오염을 강화시키기도 한다.

반팔 셔츠를 입은 오늘, 패딩을 입는 내일

#기후변화 #이상기후 #사계절

사회 관계망 서비스로만 겨우 연락을 하는 친구들이 있다. 해마다 한두 번 인사를 할까 말까 하는 사이 '언제 한번 갈게'라는 말조차 쉽게 할 수 없는 세상이 왔다. 미국에 사는 사람들은 일 년이 넘도록 꽉 닫혀있는 생활을 하고 있다. 세계를 휩쓸고 있는 코비드-19 때문이다. 백신 접종이 시작되기 전이라 지역을 이동하는 것도 쉽지 않았다. 쉽게 움직일 수도 없는 이 시기에 그들 중 한 명이 사는 동네에는 혹한의 겨울이 찾아왔다. 패딩은 그저 패션의 일부라고 느껴지는 겨울을 보내는 동네인데 어느 날 온도계가 영하 22도를 찍었다.

텍사스 주는 겨울 가장 추운 날에도 최저기온이 영하로 내려가는 일이 드문 지역이다. 특히 텍사스의 남부 지방은 내륙이라 건조하고 온화한 기후를 하고 있고 강수량도 뚜렷하게 많지는 않은 편이다. 그런데 영하 22도라니. 심지어 전기도 끊겨 연일 텍사스 주 사람들이 온갖 옷을 꺼내어 난방도 하지 못한 채 겨우 겨울을 나고 있다는 소식이 전해졌다. 한국 주택 대부분이 사계절을 나기 좋은 이중 샷시를 설치해 놓은 것과는 달리 미국의 많은 집들은 한겹의 창문을 가지고 있다. 연간 기온변화가 크지 않은 지역에는 오래전에 지은

집들을 그대로 개보수해서 사용하는 경우가 많은데, 텍사스에도 그렇게 짧게는 40, 50년 길게는 100년된 주택이 있을 정도다. 홑겹 창은 상대적으로 단열에는 취약할 수밖에 없어서 갑자기 찾아온 추위에 새어 들어오는 외풍을 막기 힘들었을 것이다.

사진이나 TV로 보는 그들의 모습을 보며 오래된 영화 하나를 떠올렸다. <투모로우 The Day After Tomorrow>다. 영화에서 사람들은 추위를 조금이라도 물리기 위해서 집안에 있는 가구나 책들을 벽난로에 태운다. 인간이 이룩해 놓은 많은 문명의 산물이 거침없이 태워지는 것을 보며 극한의 상황이 오면 생존이 최우선이 된다는 것을 깨닫기도 했다. 21세기 텍사스의 상황도 비슷했다. 갑자기 닥친 혹한, 난방은 되지 않고 코비드 사태로 사람들의 기척은 찾기 어렵다. 거리두기 때문에 모여서 온기를 나누는 것도 여의치 않다.

미국뿐만 아니라 전 세계적으로 난방을 위해 전기나 도시가스, 석유나 석탄 같은 대규모 화석연료 자원을 이용한다. 선진국일수록 그 경향이 강하다. 전기로 대부분의 난방을 해결하기 때문에 정전이 되면 도시가 멈추는 일도 잦다. 혹한과 함께 내리는 눈은 그나마 녹여서 물로 먹을 수라도 있다. 이 사태가 해결되기를 바라며 사람들이 근근이 버티는 모습을 보면서 또 한편으로는 반대의 장소가 떠오른다.

지구상에서 가장 더운 장소들은 해마다 조금씩 더 더워지고 있다. 리비아는 세계에서 가장 더운 국가 중 한 곳이다. 리비아의 루트 사막은 낮 최고기온이 70도 부근까지 올랐다. 계란을 삶을 수 있는 온도다. 땀을 내면 바로 말라버려서 체온이 내려가기 힘들고 탈수 증상이 올 위험성이 매우 높다. 기온이 높은 황무지는 '죽음의 사막', '죽음의 계곡' 같은 무서운 이름이 붙기도 한다.

대체로 시원한 기후로 살기 좋은 곳이라고 평가되는 곳들에 폭염이 찾아오는 일도 있다. 2018년 캐나다의 수도인 오타와에서는 47도라는 기록적인 폭염이 찾아왔다. 캐나다 대부분의 지역에서는 난방장치는 잘 되어 있지만 냉방장치는 잘 갖추지 않은 곳도 많다. 이 폭염은 70명 가량의 사망자를 내기도 했다.

해마다 폭염으로 온 나라가 떠들썩했다가 겨울이면 혹한의 날씨를 경험하는 우리나라는 어떨까. 기압계가 흐르는 중간에 속해있는 덕에 한반도는 위도에 따라 그 기온 편차가 매우 큰 편이다. 사계절이 뚜렷한 기후는 한국 뿐만 아니라 한국과 비슷한 위도에 위치한 동북아시아 지역 대부분에서 나타난다. 사계절이 뚜렷한 나라에서 자란 사람들은 계절을 거침없이 즐긴다. 외국인의 시선으로 바라본다면 한국인이 계절을 즐기는 방식은 조금 이상할지도 모르겠다. 미국 여행을 하다 만난 덴마크와 호주 친구들은 자신들이 보았던 한국인의 인상에 대해 이야기하곤 했다. 주로 한국과 유럽의 휴가에 대한 주제가 컸다. 당시만 해도 한국에서 회사에 길게 휴가를 내는 것이 거의 불가능하던 시절이라, 한국에서 온 친구들은 대부분 유럽의 '바캉스' 같은 휴가를 신기해하고 부러워했다. 그들은 더운 여름에 시원하고 온화한 도시를 찾아가고, 추운 겨울에는 따스한 도시로 철새처럼 이주한다고 했다. 최근에는 다른 나라에 길게 여행가는 일도 많다고 했다. 그들도 우리나라 사람들의 휴가를 궁금해 했기에 내 경험을 이야기 해 주었다. 사람들은 보통 겨울에 따스한 곳으로 여행을 가는 일은 드문 편이다. 겨울에는 북쪽으로 가서 겨울 스포츠나 겨울 풍경을 즐긴다. 굳이 스키장을 가지 않아도 눈이 쌓여있는 풍경을 즐기러 가는 사람들이 많다.

여름에는 성향에 따라 다르지만 태양빛이 내리쬐는 해변은 늘 사람들로 인산인해를 이룬다. 산속 깊은 곳에 있는 계곡에도 사람이 많기는 마찬가지다. 각자 자기만의 방법으로 더위를 피하기는 한다. 삼복더위에는 이열치열이라 하여 뜨거운 것을 먹어서 몸을 보한다. 거기다 뜨거운 것을 먹으면서 시원하다고 이야기한다. 이런 문화를 공유하는 경험은 다양한 나라의 계절을 보는 시각 차이를 알 수 있기도 했다. 계절을 이겨내야 하는 것으로 생각하는 사람들과 계절을 즐겨야 하는 것으로 생각하는 사람들의 차이 말이다.

한국 사람들의 문화를 몇 마디로 줄여서 설명하기는 힘들다. 하지만 우리 나라에 있는 사람들이 계절을 계절답게 즐기는 것에 매우 진심인 사람들이라는 것은 분명하다. 대부분 사계절이 뚜렷한 나라의 사람들이 이런 성향을 갖고 있지 않을까 예상한다. 기후가 우리와 비슷한 동아시아 쪽 사람들의 성향도 비슷하기 때문이다. 문화적으로 닮아있기 때문일지도 모르겠다. 지금 내가 살고 있는 곳만 해도 2020년 가장 높았던 기온과 가장 낮았던 기온의 차이는 50도쯤 되었으니까 사람들은 웬만한 온도 변화에는 꿈쩍도 안 할 것처럼 행동한다. 변덕이 심한 날씨에 적응을 하려다 보면 날씨가 바뀌는 것에 일희일비하는 것은 시간 낭비다. 어제 기온은 영상 20도였는데 오늘 아침에 영하 10도를 기록한다고 해서 삶이 바뀌지는 않는다. 그저 옷장 깊숙이 넣으려 했던 패딩을 한 번 더 꺼내 들고 핫팩을 뜯어 주머니에 넣는다. 보일러를 켜기 애매하면 전기장판을 켠다. 사계절 옷을 철마다 준비해야 하니 힘들다고 생각했는데 또 이럴 때는 다행이라는 생각도 든다.

전 세계 어디든 한국 사람들이 가서 적응을 못한 곳은 없다고 한다. 19세기, 20세기 국가 사정이 어려웠을 때도 선조들은 해외로 나갔고 그들의 기반을 다져나갔다. 어쩌면 이상기후가 계속되는 이 세계에서 가장 오랫동안 살아남을 수 있는 나라들은 한국처럼 사계절이 뚜렷한 나라가 아닐까, 괜히 자부심을 가져본다.

제6부

기상직 공무원으로
살아가는 법

가끔 울어도 두근두근거린다.
예보관으로, 공무원으로
열심히 하루를 살아내고 있다.

이렇게 물리학이 필요할 줄 알았다면!

예보관을 꿈꾸던 물포자

#물리학 #수능 #직업선택

고3. 누구에게나 수능이라는 존재를 통해 인생의 방향을 바꿀 수 있는 기회가 주어지는 시기다. 내 인생에 그 시절을 조금 다르게 보냈다면 아마 기상예보관으로 글을 쓰고 있는 작가 또한 없었을 것이다. 평생 글 쓰는 것은 좋아했으니 다른 직업을 소재로 글을 쓰고 있었을지도 모르는 일이지만 지금만큼 날씨 하나하나를 소재로 이야기를 엮어낼 수는 없었을 것이 분명하다.

나는 물리를 포기한 자였다. 수학 포기자도 영어 포기자도 극복해 냈지만 물리 과목과는 마지막까지도 친해질 수 없었다. 흥미로운 과목이라는 것은 알고 있었다. 사람들이 배우는 모든 과학의 기저에는 물리법칙들이 깔려 있었다. 움직이는 모든 것을 이론으로 표현해 낼 수 있는 학문이라는 것은 얼마나 매력적인지도 여러 교양 도서를 통해 접하기도 했다. 지구 밖에 있는 별의 위치를 계산하는 것도 비행기가 나는 것도 수식과 이론을 통해 '왜' 그런지를 알 수 있는 학문이었다. 다만 내가 그 수식 자체에 관심이 없었던 것이 흠이라면 큰 흠일 것이다. 수많은 개념들과 가정들과 약자와 상수의 나열은 내게 너무 버거웠다. $F=ma$ 정도가 내가 가장 잘 외우는 식이었고 내신을 위해서는 이해를 하기보다는 문제집을 통째로 외우는 법을 먼저 익혔다. 스스럼없이 물(리)포(기)자라고 말하고 다녔더랬다.

아주 오랫동안 내 장래희망이 수의사여서 그랬을지도 모른다. 당시 TV 프로그램 중에 내가 빼놓지 않고 보던 것은 S본부의 동물농장 말고는 거의 없었다. 일요일 낮에 하는 그 프로그램은 한주 내내 학교에 가서 공부를 해야 하던 고등학생이 유일하게 짬을 낼 수 있는 시간에 방영되었다. 얼마 전 1,000회를 맞이한 그 장수 프로그램은 내가 중학생 때도 고등학생 때도 변함없이 세계 동물들의 희로애락을 보여주었다. 그들을 진찰하는 유명 수의사들도 가득했고 마침 때는 황우석 교수의 논문이 (긍정적인 방면으로)이슈가 되던 시기였다. 동물을 좋아하는 내가 수의대를 꿈꿨던 것은 필연적인 일이었을지도 모른다. 수의대 경쟁률이 가장 치열하던 시기였으니 마음의 짐은 무거워져만 갔다. 결과? 수능을 망친 이후로 진로를 변경한 것을 후회해 본 적은 없다. 아쉬움이 남기는 했지만 대학 전공으로 들었던 생물학은 털 달린 동물들의 귀여움보다 길고 얇은 기생충들의 향연이었으니까.

지구를 공부하는 학문을 선택한 것은 슬쩍슬쩍 건드리던 지구과학 교과목이 흥미가 있기 때문이었다. 거기다 초등학교 시절부터 집에는 『지구는 왜』와 같은 어린이를 위한 과학책이 있었다. 부모님은 평생 인문학을 공부하셨음에도 늘 과학에 관심이 많으셨다. 거기다 고등학교 3학년 시절 담임선생님은 지구과학 교사셨다. 열정적으로 학생들을 지도해주거나 사명감을 갖고 이끈다는 느낌은 받지 못했다. 다만 그는 내가 '실패'했다고 생각하는 수능을 어떻게 하면 극복할 수 있을지 함께 고민해주기도 했다. 그가 슬쩍 내민 지구과학 경시대회 같은 카드는 늘 재미있었고 수능 이후에 내민 '기상청'이라는 카드는 깊게 고민할 만 했다.

"선생님, 그럼 여기 가면 기상청 갈 수 있어요?"

"기상청은 공무원이니까 할 수 있을끼다. 니 성적이면 장학금도 받고 국립대니까 장학금 안 받아도 학비는 싸제. 서울에 애매한 대학 가서 고생하는 것 보다가 안 낮겠나. 수의대 쪽으로 가고 싶으면 생명과학부로 가야 하는데 할 수 있겠나?"

"집에 가서 한번 말해 볼게요."

가, 나, 다군. 가군에는 수의대에 대한 마지막 희망으로 원서를 넣고, 나군에는 평범한 공대를 넣었던 것 같다. 다군에 지금의 학부를 넣었다. 그때만 해도 나 자신이 아쉬웠다. 왜 조금 더 노력하지 않았을까. 수학 점수는 왜 그리 낮았나. 결국 인생은 뜻대로 풀리지 않을 것인데 수의사가 될 운명은 아니었던 것일까. 수없는 의문이 머리를 스치고 지나갔지만 그것도 잠시였다. 결정을 해야 하는 시기는 너무나 짧았고 평생 생각해 보지도 못한 마음으로 원서를 넣고 세 곳 모두 합격했다. 다만 그중 한 곳을 가려면 연 천만 원이 넘는 학비와 생활비를 감당해야 했다. 그에 비해 지역 국립대학을 가면 장학금도 받고 통학도 가능하니 부모님께서는 고민이었을 것이다. 아버지는 은근한 말투로 마지막 대학을 추천했다. 그 부담스러웠던 마음을 모르는 것은 아니지만 가끔 생각하고는 한다. 그때 서울에 조금 더 일찍 갔으면 내 인생이 또 어떻게 달라졌을지. 현재에 만족하지 못해서가 아니라 가지 않은 길에 대한 궁금증으로.

처음 대학을 갔을 때부터 목표는 하나였다. 기상청에 들어가자. 기상청은 공무원을 뽑으니 고졸만 되어도 시험을 칠 수는 있었겠지만 그러기에는 대학 생활이 즐거웠다. OT, 새터에 MT와 동아리는 새로운 세상이었다. 하지만 즐겁지 않은 성적을 보면서 딜레마에 빠져야 했다. 만만할 줄 알았던 세계는 나보다 더 열정적인 사람들을 보며 버티기 어려울지도 모른다는 걱정을 안겨줬다. 대기과학을 배우게 되면 그 전반에 물리 법칙들에 대한 이해가 필요하다. 정역학, 동역학에 유체역학. '대기역학'이라는 이름으로 통칭되지만 물체가 움직이고 유체가 움직이는 원리에 대한 공부가 없다면 개념적으로 아무리 알고 있다고 해도 겉핥기 식 공부일 뿐이었다. 다행히 약간의 운이 따라주어서

인지 기상청 시험에는 무사히 합격해서 이렇게 예보관 생활을 계속하고 있다.

기상청에 들어오려면 무조건 기상학을 전공해야 할 것 같지만 실제로 들어와 본 세계는 그렇지만도 않았다. 기상예보관이라는 직함을 달고자 한다면 회사에 들어와서 공부를 해도 충분한 것을 알게 되었다. 기상청에서는 기상 학위가 없는 일반인과 내부 직원들을 대상으로 기상대학이라는 학위과정을 운영하고 있기 때문이다. 매년 신입 직원으로 들어오는 분들 중에는 다른 분야에서 공부나 일을 하다가 기상청으로 방향을 튼 사람들이 적지 않다. 법학, 인문학, 교사를 했다거나 회사를 다녔다거나 하는 사람들도 있다. 기상청의 일이 기상예보와 기상관측만 있는 것이 아니듯 다양한 인재들이 모여서 청을 더욱 발전시킬 수 있다. 20대에 기상청에 들어온다면 기상학을 공부할 기회는 정년이 될 때까지 30여 년이 남아 있다. 한평생 공부를 해야 한다는 한탄을 할 수도 있겠지만 월급도 주고 공부도 시켜주는 회사이니 그리 나쁘지 않다는 생각을 한다.

여전히 물리라는 학문은 내게 어렵다. 방정식과 변수들과 3차원을 넘어 시간 개념까지 포함한 4차원의 움직임은 배우면 배울수록 아득하다. 다만 그것으로 내 운명이 결정되지는 않을 테니 즐겁게 공부할 수 있다. 교양과학 도서를 정기적으로 읽고 신규 직원들에게 설명해야 할 일이 있을 때는 사전에 한번 더 공부한다. 그렇게 물포자였던 사람도 물리의 끝판왕이 넘쳐나는 곳에서 살아갈 수 있다는 것을 깨닫고 있다.

조금 더 재미있는 기상학 정보

다양한 전공자들이 기상청에 들어온다면 다음과 같은 장점을 들 수 있다.

통계학: 자료의 통계분석은 기상청의 큰 과제 중 하나다.

물리학/수학: 대기과학의 모든 법칙은 물리학과 수학으로 이루어진다.

컴퓨터공학: 슈퍼컴퓨터를 사랑하는 사람이라면 한 번쯤 꿈꿔볼 만하다.

전자/전기/통신계열: 전기가 끊기면 기상청의 모든 데이터도 날아가버릴 것이다. 현재의 기상청은 컴퓨터와 떼려야 뗄 수 없는 기관이다.

심리학: 기상청을 불신하는 대한민국을 바꿀 수 있는 심리학도들은 항상 환영이다.

국어국문학: 이과가 많다 보니 기상청에서는 보고서용 딱딱한 말들로 기상 해설을 많이 한다.

디자인: 기상청만큼 프레젠테이션을 많이 하는 곳이 드물다고 한다. 9급부터 3급까지 PPT 디자인에 대해 일가견이 있는 사람은 항상 대우받는다.

건축: 참 많이 짓고, 많이 옮긴다.

행정/경영: 사실 진짜 실세는 행정 분야를 다루는 분들이다. 뭐니 뭐니 해도 머니.

외교/영어영문/외국어 분야: 국제회의는 언제 어디서나 늘 열려있다.

그 외 다양한 전공들: 일단 들어오기만 하면 어딘가에 자신의 전공을 살릴 수 있는 곳이 있다.

참고 자료

· 『기상 현업 업무규정』(중앙관상대(기상청의 전신), 1965)

· 『지상기상통계업무편람』(기상청, 2001)

두근두근
공무원 면접

따스한 봄기운이 있긴 해도 그 해의 서울은 추웠다. 북쪽의 봄은 아직도 한참 남은 것 같았고 그날이 마침 나의 면접날이었다. 해외에서 돌아온 지 1년도 되지 않아 겨우 취직의 기회를 잡았다. 이번 기회가 아니라면 가지고 있는 것이라곤 학사학위 하나밖에 없는 내가 과학 방면으로 일할 길은 요원해 보였다. 기상청 정문 앞, 8층이나 되는 건물이 우뚝 서 있는 모습은 여전히 무서웠다. 견학으로 몇 번 방문했던 곳이지만 이곳이 내 직장이 될 수도 있다는 희망은 멀기만 했다.

벌써 10년이 다 되어가는 일이다. 당시 기상청 공채 시험은 유례없는 정원(아마도 40명 가량)이었음에도 불구하고 경쟁률이 30:1을 넘었다. 시험을 준비하면서 스터디를 하는 사람들도 늘 그 이야기를 했다. 우리가 안정적으로 취직할 수 있는 길이 많지 않다고. 필기에 합격한 것만으로도 울음을 터트릴 정도였다. 점수가 낮게 나왔을 때의 결과가 겁이 나서 필기 합격자 발표 하루 전까지 채점을 해 보지 않은 것이다. 그럭저럭 중위권에서 안정적인 점수로 필기를 통과했다. 거기에 전문 자격증 가산점까지 더해지니 금상첨화였다. 하루에

14시간 이상 하던 공부와 도서관 계단 한구석에서 쪼그리고 앉아 도시락을 먹으며 울었던 시간도 아쉽지 않았다. 그렇게 얻어낸 면접날이었다.

면접에는 다양한 사람들이 온다. 공무원 공채이기에 더욱 그렇다. 공무원 공채 1차는 시험으로 가려내고 그 2배수나 3배수에서 면접으로 최종 합격자를 가려낸다. 공무원 시험에 응시할 수 있는 연령 제한이 만 19세 이상의 성인으로 완화된 이후 면접에는 대학생부터 40대 후반의 장년층까지 다양한 사람들이 찾아왔다. 그 해 기상청의 정원이 40명 남짓. 20대의 사회 초년생들이 대부분이었지만 사회의 단물 쓴 물을 겪은 사람들도 많았다.

그런 사람들이 2배수만 되어도 80명이니 면접은 하루 안에 끝나지 않았다. 첫날 면접을 본 사람들은 작년 합격자들의 도움을 구했고 알음알음 면접 질문의 스타일이나 내용을 전달받았다. 이때는 전공자라는 것이 다행이었다. 학연이라고 하기엔 소소하지만 함께 어려움을 나누는 사람들이 많았기 때문이다. 그들도 경쟁자이기에 구체적인 내용은 알리지 않았지만 작년과 경향이 비슷하다는 이야기만으로도 큰 위로를 얻었다.

시험을 준비하던 시기, 졸업식도 없이 떠난 지 1년도 되지 않아 시험 때문에 꾸역꾸역 돌아온 아웃사이더에게도 학교는 친절했다. 스터디를 하면서 개론서를 달달 외우고 쉼 없이 퀴즈를 만들며 열정을 불태우던 사람들 중 많은 이들이 합격했다. 친하던 사람들과 함께 합격의 기쁨을 누리면서 한편으로는 경쟁자가 되어 같은 길을 걸어갔다. 취업을 위해 몇 번을 고치면서 외워나갔던 자기소개서나 영어 소개 같은 것들을 공유하면서 설렘과 두려움으로 면접 당일이 되었다. 이미 앞서 면접을 끝낸 사람들은 홀가분하게 돌아가고 있었고 면접은 종반을 달리고 있었다. 이틀 간의 긴 면접에 면접 안내원들도 모두 지친 듯했다. 시험이 이루어진 곳은 기상청의 4층이었다. 하늘정원과 회의실이 위치한 그곳은 합격하고 나서 갈 때면 묘하게 긴장이 되기도 한다. 인원 탓인지 원래 그런지 면접은 3인 면접으로 진행되었고 대부분의 사람들은 검정이나 남색의 양복을 입은 채 자신의 순서가 올 때까지 대기해야 했다.

긴장을 하며 하루를 보낸 탓인지 그날의 기억은 그다지 남아있는 것이 없다. 함께 올라온 친구와 밥을 먹고 차를 마셨을 것이 분명한데 어떤 밥이었는지도 잘 기억이 나지 않는다. 면접 당시에 나와 함께 있던 1차 합격생 두 명이 모두 붙었다는 사실은 나중에야 알았다. 그들이 내가 했던 면접 답변에서 위기감을 느꼈다는 이야기도 술자리에서 들었다. 면접 답변 중에서 기억나는 것은 예보를 하게 되면 '국지 규모의 기상예보'를 해 보고 싶다는 답변을 했던 것과 한국에 귀국하기 직전 했던 여행에서 버스를 타고 오로라를 보러 며칠을 헤매었다는 것뿐이었다. 보편적으로 기상청에서의 면접 질문은 일반적으로 회사에서 하는 질문, 그리고 기상학에 대한 질문이 많을 테니 이만큼이라도 기억나는 것일 테다. 해마다 조금씩 경향이 변하기 때문에 강산이 변할 정도로 세월이 지난 지금은 어떻게 면접을 진행할지 감도 잡히지 않는다.

대부분의 면접에서 면접관들이 원하는 것은 스토리텔링일 것이다. 면접자인 내가 이 회사에 들어와야 하는 이유. 그것이 그저 전공을 했기 때문이거나 관심이 있기 때문이라는 이유라면 너무 전형적이고 식상하다. 다른 사람들도 관심이 있으니 지원을 했을 것이고 전문성을 요하는 회사라면 지원자 중 많은 수가 해당 전공 학위를 가지고 있을 것이다. 그러니 남과는 다른 나만의 강점을 만드는 것이 필요해 보였다. 긍정적인 인상을 주면서도 면접관들의 기억에 남을 수 있는 사람. "0000번 면접자 어때요?"라고 하면 "아, 그 여행 가서 오로라 봤던 사람?" 하는 연상 작용이 떠오를 수 있도록 말이다. 거기에 공무원이라면 튀지 않는 정도의 자신감과 성실성을 보여주는 일화들도 준비해 가는 센스를 가진다면 어색한 침묵이 아닌 화기애애한 분위기의 면접이 될 수 있을 것이다.

주변에 면접을 그럭저럭 잘 치렀다고 이야기를 하긴 했어도 합격자 발표가 날 때까지 전혀 확신할 수 없었다. 취업 면접은 처음이었고 미래가 전혀 준비되어 있지 않은 나는 만약 합격하지 못한다면 1년 더 기상청 공채를 준비할 수 있을지도 결정되지 않은 상황이었다. 빠듯한 시간 안에서 마침내 취업 관문을 통과한 것은 약간의 운이 더해진 결과라는 생각을 항상 한다. 면접 결과가 구체적인 점수로 지원자들에게 통보되지 않기 때문에 결국 나에게 주어지는 합격 목걸이의 마지막 조각은 행운이었다고. 그렇게 여기면 살면서 꽤 많은 부분을 감사할 수 있게 된다.

내게는 항상 겨울이 도전의 계절이었다. 살면서 겪는 큰 사건들의 대부분이 겨울에 일어나고 봄이 되면 어떤 식으로든 결과가 나오곤 했다. 지금도 그렇다. 겨울이 끝나고 남쪽에는 봄이 완연해진 날에 합격 발표를 받았다. 길고 긴 겨울이었다.

2021년 베이비붐 세대의 퇴직으로 인해 기상청 채용 인원은 최근 몇 년 중 유례없이 많은 정원을 기록했다. 이런저런 일들로 과거 이른 봄에 치러졌던 공무원 공채 시험은 늦봄에 가까운 날로 옮겨졌고 올해의 신규 기상직 공무원들은 한 여름에 직무교육을 시작한다. 03년생부터 시험을 칠 수 있다던데. 무려 월드컵을 보지 못한 세대가 이젠 기상청에 입사할 수도 있다는 생각을 하면 좀 아득해진다. 그들에게도 면접은 똑같이 두근거리겠지.

누구에게나 면접은 두렵다. 굳이 면접이 아니더라도 나를 평가하려는 사람과 대면하는 일은 늘 불편하고 하기 싫다. 취업이란 계절은 아마 최근의 사람들에게 더욱 춥고 아픈 나날이 되었을 것이다. 다만 그 겨울이 너무 길지 않기를, 살을 에는 추위는 없기를 바란다. 올해는 여름에 면접이 진행될 테니 너무 덥지 않은 쾌청하고 맑은 날이었으면 좋겠다는 생각과 함께 말이다.

⟡ 통계만 잘해도 인정받을지도

기상청은
통계 천국

#기상통계학 #직장인 #엑셀

기상청에 다니면 아무리 적어도 한두 번은 통계를 낼 일이 생긴다. 어느 직장이나 마찬가지겠지만 과거의 기록에서 현재를 분석하고 미래를 예측하는 일은 많은 사람들에게 요구되는 업무다. 국가기관의 경우 대부분 국정감사 자료나 내부 성과 자료의 기반을 만들기 위해 통계자료를 체계적으로 분류하고 여러 가지 방법으로 미리 분석해 놓는다. 기상청에 존재하는 대부분의 정보는 숫자로 되어있기 때문에 통계학과 학생들이 실습을 하기 위해서 기상청의 자료를 이용하는 경우도 꽤 있다. 다양한 분석과 통계 방법이 존재하고 접근하기가 비교적 쉽기 때문이다. 기상요소 자체에 대한 통계를 낼 때도 있지만 예보의 적중에 대한 통계도 낸다. 그렇다. 기상청에서 하는 통계는 1년 농사를 제대로 지었느냐 못 지었느냐가 판가름 나는 중요한 일일 때도 많다.

50년 전 선배들의 기록은 대부분 수기와 단순 전산이었다. 주산과 계산기로 통계를 냈고 평균을 구했다. 그럭저럭 컴퓨터가 상용화 된 후에 나온 마이크로소프트사의 엑셀Excel은 기상청에서 프로그래밍 언어(연차가 오래된 직원이라면 포트란Fortran 77, 꽤 최근에 들어온 직원이라면 포트란 90, 더 전문적으로 공부한 사람들은 파이썬Python이나 매트랩MATLAB이나 C+ 같은 것들이 대표적이다)를 사용하지 못하는 비전공 공채 직원들에게도 빠른 시간 안에 통계분석을 할 수 있는 기반을 마련해 주었다. 프로그래밍 언어에 관심과 재능이 없다고 생각하는 사람이라면, 짧은 시간에 통계분석을 해야 하는 비전공자라면 다른 언어보다 엑셀 하나를 야무지게 배우는 것이 훨씬 유용할 것이다.

엑셀을 열고 연-월-일-시간-분으로 정렬한 수많은 원시 자료를 본다. 1년은 약 8,760시간. 분으로 환산하면 525,600분이 나온다. 실제로 분 자료까지 분석에 이용하는 경우는 그리 많지 않다. 보통 3년 이상의 자료를 분석하는데 시간별 통계자료의 경우 한 요소 당 이미 26,280개의 셀이 있기 때문이다. 실제로는 점검이나 기기 오류 등으로 인해 누락되기도 하지만 대부분 80% 이상의 자료 수집이 가능하기 때문에 23,000개의 자료는 확보된 셈이다. 그런데 여기서 기온과 기압, 풍속과 습도와 시정 등 여러 가지 자료를 비교하고자 한다면? 자료의 개수는 100만 개가 훌쩍 뛰어넘을 때가 많다. 사실 이렇게 많은 양의 자료들을 분석하려면 전문 프로그램을 사용하는 것이 효율적일 때가 많다. 하지만 엑셀만큼 직관적이고 익숙한 형태로 보여주는 프로그램은 드물다.

일을 하다 보면 이곳이 통계청인지 기상청인지 가끔 헷갈리기도 한다. 업무적으로는 접점이 많지 않은 기관이다 보니 어떤 일을 하는지 정확히 알지 못하지만 각종 통계를 생산하기에 통계청이라고 불리는 것일 테다. 기상청에서 기상 관련 업무를 하는 것처럼. 어떻게 보면 예보나 관측을 하는 것보다 부가적인 업무라고 생각될 수도 있지만 다양한 통계자료를 생산하는 것은 기상청에 있어서 아주 중요한 임무 중 하나다.

통계는 어떤 현상을 종합적으로 한눈에 알아보기 쉽게 일정한 체계에 따라 숫자로 나타내는 것이다. 여기서 중요한 점은 '종합적'이라는 것과 '체계적'이라는 점이다. 나타내고자 하는 자료가 충분히 표현되어야 하고 그 형식이 체계적이어야 다른 사람들도 쉽게 이해할 수 있다. 그래서 기상청에서도 지침을 통해 통계를 내는 방법을 안내하고 규정한다. A장소와 B장소의 통계방법이 다르면 서로 비교가 불가능하기 때문이다. 1964년까지는 기상 현업 업무규정으로 그것을 대신했지만 2001년에 지상 기상통계업무편람이 생기면서 통계라는 내용이 분리되어 나오게 되었다. 이 편람은 2007년 첫 기후통계 지침이 제정되면서 지침으로 바뀌게 되었다. 가장 최근에 개정된 지침은 4차(2019년) 지침으로 관측 방법과 관측 기기가 발전하고 변화하는 상황에 따라 통계방법이 어떻게 달라지는지 알 수 있다.

통계와 기후는 떼고 싶어도 뗄 수 없는 관계다. 하루하루의 날씨를 기상이라고 하고 그 자료를 모아 경향성을 보는 것이 기후이기 때문이다. 통계 관련 지침 앞에 '기후'라는 말을 넣는 것도 그래서이다. 기상통계의 목적은 기후 자료를 생산하는 게 첫 번째다. 어느 기간의 기상 상태를 알기 위해서 그 기간의 기상요소(기온이나 풍향, 풍속, 상대습도 등)를 다양한 방법으로 자르고 요리해야 한다.

자르는 방법에서 대표적인 것이 연, 월, 계절별 분류이다. 연과 월은 비교적 분류가 쉬운 편인데 계절별 분류의 경우 기후변화에 따라 약간의 차이를 두는 사람도 있다. 보통 이 전해의 12월에서 당해 2월을 겨울, 3월부터 5월을 봄, 6월부터 8월을 여름, 9월부터 11월을 가을이라고 나누는데 기상학적 계절은 해마다 조금씩 다르기 때문이다. 하지만 연으로 평균 내면 더운 여름과 추운 겨울이 모두 봄가을 날씨로 표현될 가능성도 있기 때문에 경향성을 보기 위해 분석자들은 종종 이렇게 계절별 분석을 하기도 한다.

실무에 투입되고 실제로 해 본 통계업무 중 가장 낯설었던 것은 '순(旬) 분석'이었다. 대학에 들어와 전공 공부를 하기 전까지 내게 '10일'을 나타내는 '순'이라는 단어는 문학작품이나 상순 하순 정도의 구어체로 사용하는 단어였다. 하지만 날씨와 계절을 이야기할 때는 순을 뺴놓을 수가 없다. 봄철과 가을철에 기온 변화가 심할 때는 열흘을 간격으로 값을 비교해도 큰 차이가 나는 경우가 많기 때문이다. 마찬가지로 분석 기간이 며칠 안이라면 일변화로 분류하기도 하고 특정 기간의 특정 시간대를 따로 분석하기도 한다. 낮과 밤의 차이가 크기 때문에 밤의 기상변화를 알고 싶으면 밤의 자료를 중점적으로 분석할 때도 있다.

기상 자료를 요리하기 위해서는 일반적으로 알려져 있는 방법도 다양하게 사용한다. 평균, 최대, 최소, 빈도수는 가장 자주 사용되는 값들이다. 특히 최댓값과 최솟값은 매일매일 일 통계를 내면서도 수없이 많이 본다. 이런 값들을 기상청에서는 극값이라고 표현한다. 거기에 계절 현상의 통계를 낸다면 첫날과 마지막 날을, 오래 지속되는 현상(예를 들면 안개나 비)은 계속 시간을 통계자료로 사용한다. 현상별 발생일수는 통계자료로서의 가치도 있지만 언론보도를 위한 자료를 만들기에 아주 좋다. 면밀한 분석을 위해서는 이동평균이나 추세를 비교하는 등의 방법도 이용된다.

기상청의 통계는 흥미롭다. 초등학교 때부터 수없이 x축이 비어있는 그래프로 봐 왔던 일평균이나 연평균 기온이 실제로 그렇게 변화하는 가를 볼 수 있다. 심지어 기상청에서 통계는 꽤 중요한 위치를 차지하고 있다. 가장 중요한 것이 과거의 기상을 아는 것이다. 30년 값을 이용해서 평년값을 계산하고, 그 값보다 높으면 올해는 조금 더 더운 해, 낮으면 조금 더 추운 해가 된다. 사람이 기억하는 더위와 추위에 비해 평년값을 이용하면 보다 객관적인 정보를 전달할 수 있다.

또한 기상청에서 만들어내는 셀 수 없이 많은 통계자료는 여러 분야의 사람들 각각에게 필요한 정보가 된다. 학생에 필요한 정보, 기업에 필요한 정보, 학계에 필요한 정보가 모두 다른데 그 자료를 생산할 수 있는 기반에 모든 통계자료가 위치해 있다. 거기다 동일한 기준의 자료를 만들기 위해 동일한 기준에서 관측을 해야 할 필요성이 생기며 이렇게 생기는 자료는 객관적이고 표준화된 기상 자료가 된다. 거기다 우리나라만 이용하는 것이 아니다. 통계자료는 세계기상기구WMO의 규정에 따라 생산하고 있기 때문에 세계와 공유하면서 예보에 적용할 수치 모델을 개선하기도 하고 중국의 황사 관측 정보가 우리나라의 황사 예보에 도움이 되듯 직관적으로 도움을 주는 것도 가능하다.

하지만 그 무엇보다 중요한 것은 후손들에게 남길 중요한 메시지라는 것이다. 한반도에 살았던 사람들은 쉴 새 없이 기상에 대한 기록을 남겼다. 진위 여부가 확실하지 않은 기록부터 디테일하게 날씨를 기록한 실록이나 전쟁에 필수적이었던 날씨를 기록한 난중일기까지. 과거의 날씨를 기록한 자료는 몇백 년, 몇 천 년이 지난 미래에도 사용할 수 있고 이용할 수 있는 정보가 된다.

가끔 기상청에 통계학을 전공한 사람들이 많으면 좋겠다는 생각도 한다. 주어지는 원시자료에 비해 내가 만들 수 있는 자료가 한정되어 있기 때문이다. 전공 과목에는 '기상통계학'도 있었고 부전공으로 통계학과 과목을 수강할 수도 있었을 텐데 10년을 내다보지 못했던 대학생이 이제 와서 고생을 거듭하고 있다. 기상 자료를 생산하는 1차 생산자로서 그리고 그 자료를 이용하는 최종 수요자로서 항상 기상 통계자료에 대한 중요성을 깨닫는 일이 많다. 가끔 원하는 통계자료가 지점 변경이나 천재지변, 기기 고장 등으로 제대로 갖추어져 있지 않으면 답답한 마음도 생기기 때문이다. 이 마음을 가지고 자료를 만들게 되면 더욱 꼼꼼하게 자료를 보게 될 것이라 믿는다.

참고 자료

· 『기상통계론』(류상범, 박정수, 전남대학교출판부, 2012)

· 『기후통계지침』(기상청, 2019)

기상기후사진전 꿈나무, 광속 탈락!

아름다운 순간을 위해

#사진공모전 #기상 사진 #찰칵

사진 좀 찍는다 하는 사람들에게 연초가 되면 오는 행사가 있다. 2021년이면 38회를 맞는 기상기후사진 공모전이다. 세계 기상의 날인 3월 23일을 기념하기 위해 연초부터 접수를 시작해 기상의 날 행사에 그 해의 첫 기상 사진전을 연다. 어떤 사람들에게는 1년 동안 묵혀왔던 소중한 사진들을 선보일 수 있는 시기이기도 하다.

내 나이보다도 오래된 사진 공모전이라니. 거슬러 올라가면 1984년부터 시작했다는 결론이 나오는데 인터넷을 아무리 찾아봐도 첫 해에 개최된 사진전의 기록을 찾을 수가 없었다. 원래는 날씨에 대한 관심을 높이기 위해서 작게 시작한 행사였다고 한다. 오래전에 개최한 사진전을 떠올릴 수 있을 만큼 연배가 있는 직원들은 인지도도 높지 않았고 상금도 비교적 크지 않았다고 했다. 내부 직원의 참여율이 높았다는 풍문도 들었다.

그러던 것이 대한민국에 디지털 사진이 보급되고 사진을 찍는 일에 대한 관심이 높아지면서 상황이 급변했다. 해가 갈수록 사진전의 경쟁률은 치열해졌다. 2015년 사진전에 출품된 작품 수가 2,300여 점이라는 기록이 있다. 이

중 수상하는 사진들은 50점 전후. 공무원 시험의 경쟁률 못지않은 수치다. 그마저도 2020년에는 38점이었다. 2020년을 기준으로 1등 상금액이 500만 원이고 입선만 해도 20만 원의 상금이 주어진다. 2021년에는 2월 말까지 사진전의 작품을 출품 받았다. 여전히 대상 상금은 500만원이다. 입선을 포함해 당선 가능 사진 수도 40점으로 같았다. 기상 사진전은 자신의 사진이 전국을 돌며 '올해의 기상 사진'으로 소개되며 이름을 알릴 수 있는 기회이기도 하다. 보통 기상청에서는 그 해의 기상기후 사진전 입상작을 지자체의 각종 축제에서 함께 소개하기 때문이다. 사진 동호회 출사를 나가게 되면 그 중 한 두 명 정도는 기상관련 사진으로 출품해 본 적이 있을 정도다.

기상청 사람들에게 익숙한 공모전의 명칭은 '기상사진전'이었다. 우리나라만 해당하는 것도 아니고 세계의 날씨 재해로 인한 사진이나 한반도의 기후, 특이한 구름이나 기상 현상 같은 분야의 사진을 모집했다. 각종 특이한 기상 현상이 주를 이루고 아마추어 사진작가뿐만 아니라 꽤 이름을 날리는 사진가들도 더러 출품하고는 했다. 디지털 사진이 본격화되면서는 인위적으로 보정한 사진의 비율이 늘어났다. 2013년에는 30주년을 맞아 '기상기후 사진전'으로 명칭을 바꾸었다. 기후변화에 대한 경각심도 함께 일깨우고자 기상으로 인한 재해를 보여주는 사진도 함께 공모하게 된 것이다. 단순히 아름다운 것만을 보여주는 것이 아닌 사진전을 통해 환경에 대한 관심을 키운다는 점에서 누이 좋고 매부 좋은 일이었다. 그 이후로는 아름답고 신비한 사진뿐만 아니라 세계의 기후변화로 인한 사진들도 많이 출품되었다. 입선 사진들 중에서도 등골이 서늘해지는 기후사진들이 있다. 인간의 활동으로 인해 변해가는 환경을 담아놓은 기록들을 보면 사진전의 명칭을 바꾼 것은 정말 멋진 선택이었다고 인정할 수밖에 없다.

사진을 찍는 기술이 발달하면서 사진을 출품할 때에 필요한 유의사항도 점점 자세해지고 있다. 2020년에는 '타임랩스'라는 동영상 촬영 기법을 통해 기상 현상의 현장감을 살린 영상 출품 또한 이루어졌다. 때문에 공모전의 명칭 또한 '기상기후 사진·영상 공모전'으로 바뀌었다. 최근에는 드론으로 촬영하는 것이 사진가들 사이에서 번져나가고 있다 하니 2021년 작품들 중에는 드론으로 공중에서 촬영한 사진들이 늘어날지도 모르겠다는 예상도 할 수 있다. 기상기후 사진전의 사진을 매년 보다 보면 그 해에 유행하는 테마, 촬영기법을 공부할 수 있는 기회도 생긴다. 수많은 노력으로 순간의 기상 현상을 포착해내는 사람들이 대단하기만 하다.

출품되는 사진들은 보통 두 가지 종류로 나뉜다. 하나는 아주 작은 범위의 기상 현상을 포착해 낸 것이다. 빛의 반사가 아름다운 얼음 현상들이 주를 이룬다. 특히 거꾸로 얼어 올라간 고드름이나 창문에 낀 성에가 아름다운 무늬를 그리고 있다면 그 자체로 작품 사진이 된다. 이런 사진들은 주로 2013년 이전 주제가 '기상 현상'이라는 범위에 초점을 두고 있을 때 많이 출품되었다. 지나치기 쉬운 작은 것들을 볼 수 있다는 점과 자연이 만들어낸 형상을 만난다는 점에서 종종 입상을 하곤 한다.

나머지 하나는 풍경 사진처럼 넓은 범위에서 찍은 사진이다. 광각렌즈(넓은 각도로 사진을 찍을 수 있는 카메라 렌즈)를 장착하고 구름과 하늘을 주시한다. 언제 어떤 현상이 나올지 모르고 어느 타이밍이 최고일지 모르니 카메라를 손에서 놓을 수가 없다.

내게도 호기롭게 기상 사진을 출품하던 시기가 있었다. 한창 사진에 맛을 들려서 손바닥만 한 디지털카메라를 항상 가방에 넣고 다니던 시절이었다. 당시의 카메라는 고작해야 200만 화소. 요즘 나오는 스마트폰 카메라의 1/10도 되지 않는 카메라로 아침저녁 사진을 찍어댔다. 여행 중에 마주쳤던 부분 개기일식이나 큰 비를 몰고 올 것 같은 구름을 만나면 기록으로 늘 남겨두곤 했다. 독학으로 겨우 싸이월드에나 올릴 수준이던 사진들이 수상의 영광을 누리기엔 꽤 부족했을 것이다. 해마다 잊지 않고 출품을 반복하고는 했지만 그 해의 수상작을 보면 즐기기 위해 사진을 찍자는 마음을 가지게 된다.

몇 년간 꾸준히 날씨에 관한 사진을 찍고 있다. 공모전에 출품하려는 의도는 아니다. 곁에 있는 멋진 피사체이기 때문이다. 예전에 매일매일 들고 다니던 작은 디지털카메라는 이제 집에 고이 모셔져 있고 대부분은 휴대폰 카메라로 기록한다. 오늘의 내 기분을 생각하며 하늘을 보면 늘 그 모습이 다르다. 대개는 나를 위한 사진이지만 언젠가 우연한 기회를 만나게 된다면 입상을 노려볼 수도 있는 사진이 나올지 모른다는 기대도 사실 조금은 있다.

그러나 한 가지는 분명하다. 사진이 너무나 흔한 세상이다. 화려하게 찍을 수 있는 야경 사진이 늘어나고 카메라의 화소가 좋아져도 결국 중요한 것은 사진이 담고 있는 메시지였다. 자연을 공부하는 사람으로서 감탄이 나올 정도로 대단한 기상 현상을 찍은 사진도 있지만 매해 수상작 중에서는 꼭 사람들이 사는 모습을 찍은 사진이 있다. 기상과 기후가 사람들이 살아가는 데에 꼭 필요한 것임을 알려주는 소중한 사진들이다. 출품된 사진을 볼 때마다 결국 인간은 자연 앞에서 무력한 존재임을 느끼면서도 그 안에서 버티고 살아가는 것의 아름다움을 깨닫는다.

천지창조의 한 장면 같았던 어느 날. 이럴 때 바다에 가서 사진을 찍었어야 했는데!

참고 자료

· 기상청 기상기후 사진전 http://www.kmaphoto.co.kr

· '사진, 날씨를 말하다' 제 32회 기상기후 사진전 개최 현장

100주년, 미국 기상학회 탐방기

#기상학자 #기상학회 #보스턴 #출장

1년에 한 번, 주로 1월. 온 세계의 기상학자가 모이는 행사가 있다. 미국 도시 중 하나에서 열리는 '미국 기상학회American Meteorological Society(AMS)'다. 2020년으로 100주년을 맞은 미국 기상학회는 미국뿐만 아니라 세계 전역의 기상학자와 기상학 관련 기업, 각국 기상청과 기상기구들, 학생들도 모이는 초대형 행사다. 같은 시간에 몇 십 개의 세션이 동시에 개최되며 그 분야 또한 다양하다.

미국 기상학회는 1919년 미국의 한 기상관측소로부터 시작했다. 당시에도 최신 기상학 지식을 보유하고 있던 국가 중 하나였던 미국은 매사추세츠 주의 밀턴에 있는 블루힐Bluehill 관측소에서 기상 관련 지식을 공유하는 자리를 만들기 시작했다. 세계대전을 겪고 있는 중이었던 만큼 기술의 발전은 눈부시도록 빨랐고 당시 기상학 지식의 연구자들이자 현장 사용자들이었던 미군과 기상청 등 미국 내 기상학자와 유관기관부터 참여하기 시작했다. 첫 회의 참여자는 600명 정도였는데 현재는 미국 기상학회 기간 동안 열리는 세션만 750 세션을 넘어간다. 100년의 세월 동안 얼마나 많은 사람들이 기상학에 뛰어들었는지를 알 수 있는 대목이다.

다른 나라도 아니고 미국의 기상학회가 커진 이유는 바로 여러 번의 큰 전쟁 때문이었다. 본격적인 발전은 1930년대와 1940년대 제2차 세계대전을 치르면서부터였다. 항공기와 미사일 그리고 태평양을 건너는 전쟁에 온 힘을 쏟았던 미국은 그 사이 지구에 존재하는 각종 종관기상학적인 흐름을 밝혀내었다. 이 흐름들은 미국이 상황을 주도하는 데에 큰 역할을 했다. 기상학이라는 학문이 다른 나라에서도 주목을 받게 된 계기이기도 했다.

미국 기상학회는 보통 미국의 여러 도시를 돌며 개최된다. 99회의 미국 기상학회는 애리조나주의 피닉스 시에서 개최되었고 101번째 학회는 루이지애나주의 뉴올리언스에서 열리게 될 예정이었지만 코비드-19가 미국 내에서 큰 영향을 미치면서 온라인 회의로 대체된 상태다. 코비드-19가 확산되기 직전이었던 2020년 1월 대망의 100번째 학회는 미국 기상학회가 처음 발전하기 시작하였던 매사추세츠 주의 보스턴에서 열렸다. 하버드와 MIT가 있는 미국 최대 교육의 도시로 알려진 보스턴은 몇 년 만에 따스한 겨울이 찾아와 있었다. 온화한 겨울의 한가운데에서 일주일간의 학회가 시작되었다.

세계의 기상학자가 한곳에 모이는 자리이다 보니 다양하고 흥미로운 발표가 있을 게 분명했다. 기상학과 학생들과 다른 나라 기상청에서는 어떻게 기상학을 발전시키고 있는지 엿볼 수 있는 기회를 놓칠 수 없었다. 출국하기 몇 달 전부터 영어로 이루어진 각종 논문을 읽으며 말과 글을 눈에 익혔다. 드디어 그 성과를 발휘할 시간이라고 호언장담하며 보스턴 국제공항에 내리자마자 혼란에 빠졌다. 동행인들과 함께였고 구글 맵과 에어비앤비의 호스트는 나를 기다리고 있는데 정작 내 방향감각이 괜찮지 않았던 것이다.

주변을 지나는 공항 근무자들에게 몇 번이나 길을 묻고 택시 존까지 겨우겨우 가서 부르기 힘든 우버Uber보다는 눈앞에 있는 중형 택시를 잡아타고 숙소로 향했다. 숙소는 비교적 한적한 교외에 위치하고 있었는데 고심을 해서 골랐지만 온라인으로 찍은 사진의 한계인지 현지에 와서 보니 아쉬운 점이 가득했다. 미국의 주택을 체험할 수 있는 것이 그나마 다행이라고 해야 할까. 숙소와 교통편을 전담해서 맡았던 나는 동행인들에게 죄스러운 마음을 조심스레 숨겼다.

학회가 열리는 1월은 보스턴 학교들의 신년 방학 기간이었다. 분명 주변은 한산할 터였다. 날이 좋은 계절도 아니니 숙소의 비용이 크지 않을 것이라 당연히 생각했는데 여느 도시가 그렇듯 큰 행사가 있으면 주변의 숙소는 동나기 마련이었다. 그나마 묵을 수 있는 숙소는 정액으로 주는 체류비로는 턱없이 부족한 금액이어서 숙소를 멀찍이 잡고 택시로 이동하는 것이 저렴할 것이라는 결론이 났다. 차로 15분 정도 거리였기에 그리 부담스럽지 않았다는 점이 그나마 다행이었다. 오래된 도시이니만큼 인근에는 고풍스러운 주택이 가득했다. 짧은 기간이나마 안식처가 되어줄 곳에 짐을 풀고 간단한 간식들도 쟁여놓았다.

미국기상학회는 당연하겠지만 모든 회의가 영어로 진행된다. 다만 전문용어가 많아 기상학을 공부한 사람이라면 낯익은 단어를 많이 발견하기도 한다. 기상청에서 일하는 사람들은 필연적으로 영어에 익숙해질 수밖에 없다. 회화를 하진 못하더라도 기상인으로서 배우는 대부분의 용어는 영어 단어를 번역한 것들이 많기 때문이었다. 여느 학문이 그렇듯 일본의 영향도 많이 받고 있지만 일본조차 영어 단어를 차용한 것이 많으니 결과적으로 보자면 미국 기상학회는 최신 기상 기술과 분석법, 새로 연구된 자료들이 공유되는 지식의 보고이기도 했다. 기상 자료에 신세를 지고 있는 물류업체와 항공업체까지 관련 기관으로 친다면 그 스케일은 어마어마하다.

기상학 Meteorology 혹은 대기과학 Atmospheric Sciences이라는 학문의 범위는 날씨에 대한 것만을 말하는 것이 아니다. 기초 학문으로는 수학에서 산수를 배우듯 대기가 움직이는 원리인 역학, 물리학, 화학 등을 연구하는 학자가 있는가

하면 아주 작은 범위의 기상(항공기상의 급변풍이나 미국에서 주로 나타나는 토네이도 같은)을 연구하는 사람도 있다. 그 반대로 종관(수평적으로 수천 km에 달하는 넓은 범위의 현상)과 행성 기상(지구 전체를 연구하는 학문)을 넘어 우주기상(우주 공간의 변화와 그 환경조건을 연구하는 학문)까지 기상학의 범위에 들어간다.

공간적인 범위뿐만 아니라 시간적인 범위 또한 기상학의 분류로 나누어지는데 일반적인 기상학이 수분~수일의 범위를 가진다면 기후학은 수십 년, 수백 년, 수만 년까지의 범위도 가질 수 있다. 항공기의 운항에 관련된 기상만을 전문적으로 연구하는 항공기상학도 응용학문으로 각광받고 있고 바다의 날씨를 연구하는 해양기상학, 인간의 삶에 직접적인 영향을 주는 농업 기상학과 기상재해에 관련된 학문 또한 기상학에서 다루는 범위 중 하나다.

기상학을 연구하려면 처리 능력이 좋은 컴퓨터(주로 각국의 슈퍼컴퓨터)가 필수적이다. 전 세계에서 발생하는 기상 현상을 관측하고 그 자료를 처리하려면 관련된 장비도 필요하다. 최근에는 미세먼지와 공기의 질에 대한 연구가 늘면서 대기오염에 관련된 기상 연구도 비중이 늘었다. 이런 다양한 범위의 학문을 모아놓고 보면 사실 자신의 전공 분야가 아니면 이해하지도 못할 외계어가 튀어나오기도 한다.

전공으로서의 기상학에 입문한 지 10년이 넘었는데도 내 학회 참여 횟수는 형편없을 정도로 적다. 한국의 기상학회를 두어 번, 세계기상기구^{WMO}의 기상 회의를 한번 참여한 것이 전부다. 일선에서 일하는 공무원들은 연구직이나 사업을 하는 사람들에 비해 최신 기술을 접할 기회가 없는 것이 늘 아쉬웠다. 그러던 와중 공무원들에게 배움의 장을 지원해주는 국외 훈련 지원 사업에 얼른 신청해 버린 것이 이 여행의 시작이었다.

여느 회의가 그렇듯 미국기상학회도 첫날이 가장 분주하고 소란스럽다. 철저한 보안 검색을 지나 세션장으로 향했다. 첫날임에도 주어진 임무가 막중

했다. 가장 중요한 세션을 들어야 할 뿐만 아니라 부서에서 준비한 포스터 발표도 있는 날이었다. 모든 것을 끝내고 나면 마음이 편해질 것을 알면서도 외국인들의 눈동자를 마주하면 굳어버리는 입과 어색한 미소 때문에 어수룩해 보이지 않을까 한참을 고민했다.

금색과 푸른색을 모티브로 만들어진 AMS100이라는 포토존에서 사진도 찍고 포스터가 다 붙지 않은 거대한 발표장을 보며 얼른 회의 내용에 귀를 기울인다. 외국에서 주최하는 학회에 참가하면 눈에 띄는 것이 있다. 대부분의 학회에는 객석 앞 중앙에 스탠드 마이크가 덩그러니 놓여있다. 어디 질문할 테면 질문해보라는 것 마냥 당당하게 버티고 선 낯선 마이크에 겁을 먹는 사람은 초보 참여자들 밖에 없었다.

우리나라 학회나 회의에서는 보기 드문 모습일 터였다. 한국에서 워크숍이나 발표회를 하면 질문하는 사람들이 굳이 일어설 필요가 없다. 워크숍 진행 보조자들이 마이크를 직접 자리까지 가져다주는 경우가 많기 때문이다. 사람이 정말 많아 일어서서 나오는 데에 혼란이 있을 수 있는 곳이라면 그것이 최선의 방법이지만 대개는 그렇게 하지 않는다. 발표자는 서 있고 질문자는 앉아 있는 상태에서 대부분의 질의응답이 이루어진다.

하지만 이렇게 연단 아래 마이크를 두면 질문을 하는 본인도 주목을 받게 될 뿐만 아니라 그 자신이 당당해야 질문을 할 수 있다. 마이크를 이리저리 돌리는 시간이 줄어드는 것 또한 장점이다. 처음 그 마이크의 위치를 보고 부담스러워져 구석 자리에 짐을 두었다. 세션이 진행되는 내내 학자들은 언제든 좁은 의자를 벗어나 마이크로 다가가기를 서슴지 않는다. 어려운 용어를 흘려들으면서도 미국식 아재 개그와 조언 그리고 응원이 함께하는 모습을 보며 '과연 이것이 기상학회 중 최대라고 하는 모임이구나!' 하는 감탄을 속으로 삼켰다.

기상학회에 참여하면 눈이 즐거워지는 일도 많았다. 여러 사진들 덕분이다. 기상학을 공부하면 인공위성에서 찍는 아름다운 사진들을 자주 보게 된다.

사람의 눈으로 지상에서 찍는 사진으로는 하늘과 바다 위의 구름을 관측하는 것에 한계가 있기 때문이다. 기상 위성 파트에 가면 세계의 기상위성들이 찍은 하늘을 마음껏 감상할 수 있다.

기술의 발전으로 높아진 해상도만큼이나 총천연색으로 분석되고 있는 지구의 모습을 보고 있으면 인간은 아무것도 아니라는 듯 자연은 언제나 시간을 흘려보낸다. 다 같은 위성사진인 것 같아도 수증기와 물의 파장, 다른 기체의 파장에 따라 분석할 수 있는 방법이 수십 가지로 나뉜다. 단순한 영상밖에 보지 못했던 내게는 위성 학자들이 개발해 낸 산출물들의 쓰임새를 보고 놀랄 수밖에 없었다. 내가 알고 있던 기상학은 대부분 빙산의 일각에 불과했다.

참가한 여러 기관들 중 인기였던 기관은 역시 나사^{NASA, 미국항공우주국}. 나사의 기념품이나 판촉용 상품은 참가자들이 경쟁적으로 눈독을 들이는 한정판이기도 해서 빨리 찾아가지 않으면 금방 동나버린다. 과학을 전공한 사람들 중에 우주탐험을 한 번이라도 생각해보지 않은 사람은 많지 않기 때문이다.

기업 홍보 부스는 유명 기업이 아니라도 늘 붐볐다. 미국기상학회는 기상학자들이 취업할 회사를 찾는 박람회 역할도 하고 있기 때문이다. 유명한 기업들처럼 눈에 띄지 않아도 스폰서로 참가한 기업들을 눈여겨보고 학생들과 업무에 대해 이야기하는 자리도 마련되어 있다. 세계적인 기상회사로 검색을 하면 쉽게 나오는 아큐웨더^{AccuWeather}나 기상 장비로 유명한 바이살라^{Vaisala} 같은 기업들도 많이 참가하기 때문에 국내에서 기상학을 전공하고 해외로 취업하는 경우도 있다고 한다. 큰 규모의 회사가 부담스러운 사람들이나 톡톡 튀는 아이디어를 가지고 있는 사람들은 중소규모의 회사에 찾아가 자신의 의견을 나누는 모습 또한 심심찮게 보였다. 국적도 나이도 불문한 채 웅성대는 소리가 가득 찼다.

다양한 회의들, 쏟아져 나오는 논문들을 모두 볼 수 없을 정도로 짧은 시간이었다. 몇 백 달러에 달하는 등록비도 부담스럽고 쉬이 참가할 수 없는 먼 곳에서 개최하기에 다음 기회를 기약할 수도 없다는 점을 알고 있었다. 하루 일정을 마무리하는 것이 아쉬운 것은 당연한 일이었다. 기상학회 개최를 환영해 주는 것인지 일주일 내내 보스턴의 날씨는 이상기후라고 할 만큼 포근했다. 학회 마지막 날에서야 눈이 살살 날리는 정도였으니 1월 중순의 날씨 치고는 평화롭다고 할 수 있었다. 처음 가본 도시, 처음 접해보는 학문의 폭풍이 낯설고 두렵지만은 않아 다행이었다.

한국에서는 기상학이 그리 주목받는 학문은 아닐 것이다. 다른 선진국만큼 기초과학에 크게 중요성을 느끼지 않는 인식뿐만 아니라 국가 정책이 제조업이나 최신 기술을 발전시키는 데에 더욱 초점이 맞추어져 있기 때문이다. 기상학은 분야로 따지면 자연과학이지만 공학을 알지 못하면 발전에 한계를 느낄 수 있다. 초보 기상학자들은 늘 취직을 걱정한다. 가끔 하늘을 보며 먹고 살 길이 요원하다는 생각도 한다. 미국 기상학회는 이런 기상학자들에게 세계로 나아가는 것이 훨씬 멋지다는 것을 알려주는 자리였다. 기상청 공무원으로서의 삶 밖에 알지 못했던 나의 눈을 번쩍 뜨이게 해 준 시간이었다.

언젠가 이 시국이 끝나면 또 다시 가 볼 수 있을까. 대부분의 국제회의는 영상으로 개최되고 항공편도 묶여버린 지금은 상상할 수 없지만 그때는 조금 더 발전한 마음으로 더 많은 것을 흡수하고 올 수 있는 기회를 잡고 싶다.

우리 생의
수많은 무지개

무지개 너머 보이는 것은 행복이 아니라 빛의 여행

더운 여름날, 한차례 소나기가 쏟아지고 나면 어딘가에서 '무지개다!' 하는 소리가 들린다. 건물로 가려진 도시에서 보기 힘들 수 있지만, 낮은 건물 사이의 평지나 조금 높은 언덕 위로 올라 시야가 확보되면 무지개는 꽤 자주 볼 수 있는 기상 현상 중 하나다. 옛사람들도 마찬가지였나 보다. 무지개를 보면서 만들어낸 이야기는 나라마다 다양하게 전해 내려온다. 소재로서의 무지개는 덧없음과 아름다움, 그리고 꿈을 상징하곤 한다.

북유럽 신화에서 무지개는 주로 불타는 무지개로 표현되곤 하지만 신의 나라와 인간의 나라를 연결하는 다리이다. 우리나라 전설에서도 선녀가 타고 내려오는 연결 고리로 종종 등장한다. 버전에 따라서 다르기는 하지만 선녀와 나무꾼 전설에서도 선녀가 폭포(혹은 연못)로 목욕을 하러 내려올 때 무지개를 타고 온다는 표현이 종종 나온다. 유럽의 전설에서 무지개는 조금 더 현실적으로 연출되는데, 무지개의 끝에 황금 단지나 보물 상자가 숨겨져 있다는 것은 이제 흔히 아는 이야기가 되었다.

어릴 때부터 낭만적인 면이 적었던 나와 친구들은 무지개의 끝이 오른쪽인지 왼쪽인지, 무지개의 너비는 얼마 정도 되는지 그곳에(한국의 무지개 끝은 보통 산속이었으니까) 어떻게 가면 될지 현실적으로 생각하곤 했다. 그마저도 어린 시절의 즐거운 꿈이었다. 무지개는 보통 반원의 형태로, 멀리서 보면 꼭 색을 띤 아름다운 다리처럼 생기기도 하였으니 지상에 연결되어 있는 부분과 하늘에 닿은 부분이 꼭 신과 인간을 연결해 주는 다리와 같아 보였을지도 모르겠다. 지금은 신의 세계를 연결해주기보다는 반려동물이 생을 마감할 때 '무지개다리를 건넜다'라고 하는 표현을 더 많이 쓴다. 1939년에 발표된 뮤지컬 〈오즈의 마법사〉 삽입곡 〈Over the rainbow〉는 발표된 지 몇 십 년이 지났음에도 여전히 많은 가수들이 부르는 명곡이다.

매일매일 하늘을 보는 직업을 가지고 나니 무지개는 기상 상황을 알려주는 중요한 척도가 되었다. 덧붙이자면 '오늘 날씨는 참 쉽지 않았구나' 하는 생각도 든다. 무지개는 날씨 변화가 심하지 않으면 보이지 않기 때문이다. 무지개는 기상 현상으로 기록해야 하는 대표적인 빛 현상 중 하나다. 기상 현상은 물현상, 먼지 현상, 빛 현상, 전기 현상 등으로 나누어진다. 빛 현상은 빛의 산란이나 굴절로 인해서 생기는 현상으로 노을이나 채운(색을 띤 구름), 무지개가 대표적이다. 노을을 제외하고는 반드시 물과 빛이 만나야 생성되는 현상들이다. 한글의 무지개는 '물로 만든 문'이라는 의미를 가지고 있는데, 선조들이 무지개가 생기는 원리를 기가 막히게 알아차리고 붙인 이름인 것이다.

무지개는 날씨가 급변할 때 자주 생긴다. 가장 중요한 재료인 빗방울이나 구름 방울, 그리고 햇볕이 공존해야 한다. 한낮에는 태양 고도가 너무 높아서 생기지 않고 태양의 각도가 40도 이하로 정오보다 낮아야 사람이 볼 수 있을 정도로 무지개가 보인다. 그렇다 보니 까다로운 편이지만 생기는 시간을 어느 정도 예측할 수 있다는 것이 무지개의 장점이다. 오후에 소나기가 오거나 오전에 서쪽에서 구름이 몰려오는 것. 속담에도 '아침 무지개는 날이 안 좋을 징조, 저녁 무지개는 날이 좋아질 징조'라는 말이 있다. 이 속담을 잘 이해하기 위해서는 무지개가 생기는 원리를 알아야 한다.

태양빛이 물방울을 통과하며 굴절되는 현상 때문에 무지개가 생긴다는 것은 꽤 유명한 과학적 사실이다. 학교의 과학 실험 중에는 이런 원리를 이용해서 밝은 낮에 공중에 물방울을 뿌려 작은 무지개를 선보이기도 한다. 구름에 의해 생기는 무지개에 비하면 크기도 작고 금방 사라진다. 공중에 무지개가 생기고 몇 초에서 몇 십 분까지 유지될 수 있는 이유는 구름 안에 들어있는 물방울이 수천만 개로 많기 때문이다.

무지개를 만들 수 있는 구름은 보통 적운이나 적란운과 같이 연직으로 발달되어 있거나 구름 방울과 물방울이 혼재해 금방이라도 비를 떨어뜨릴 수 있는 것들이다. 무지개에서 보이는 다양한 색은 수많은 물방울이 태양빛을 꺾어서 우리 눈앞까지 데려온 것이다. 물방울의 위치가 조금씩 다르기 때문에 굴절된 빛 중에서 우리 눈에 들어오는 빛의 색이 정해진다. 고정된 자리에 서 있다고 가정하면 한 물방울 안에서 내가 있는 위치에 다다를 수 있는 빛의 색은 정해져 있다. 현재 내가 있는 위치에서 무지개가 보이고 그것이 백 걸음을 더 가서도 보인다고 해서 내가 보고 있는 무지개가 같은 무지개인 것은 아니다. 완벽하게 같은 무지개를 보는 것은 불가능하다.

그렇다면 사람들은 몇 시간 정도 무지개를 볼 수 있을까? 지역과 발생 조건에 따라 다르기는 하지만 무지개는 보통 몇 분에서 몇 시간까지 지속될 수 있다. 평균적으로는 1시간가량이라고 한다. 똑같이 생긴 구름이 없는 것처럼 무지개의 지속 시간도 천차만별이다. 그러니 무지개가 하루 종일 하늘을 둥둥 떠다니는 날이면 사람들에게는 커다란 이벤트가 된다.

2017년 대만의 중국문화대학교 대기과학연구팀에서 무려 8시간 58분이나 지속된 무지개를 관측했다. 11월 30일 오전 7시경부터 오후 4시쯤까지 이어졌으니 학계에서 신기해 할 법했다. 이 무지개가 피어난 곳은 지형적 원인이 큰데 대만의 계절풍으로 북동풍이 불면서 대기 중의 수증기는 물론이거니와 구름이 계속 유입된 데다 관측된 곳은 산간 구릉지여서 무지개를 관측하기 쉬운 조건을 하고 있었다. 이 영상은 무지개의 원리를 알고 싶을 때도 아주 유용하다. 영상의 시작 시간이 오전 7시이고 5시간 후인 12시가 가까워지자 태양이 하늘 꼭대기에 다다른다. 한 장소에서 관측한 영상이기 때문에 무지개가 태양의 고도에 따라 점점 아래쪽으로 내려가서 땅에 거의 닿을 정도가 되는 것을 실시간으로 볼 수 있다. 언뜻 무지개가 사라지는 듯 보이지만 아주 밝지는 않아도 어렴풋한 형상이 땅과 닿는 부근에서 계속 유지된다. 그리고 이내 태양이 서쪽으로 향하면서 처음 영상의 왼편에 있던 무지개가 점차 오른쪽에서 관측된다.

이 영상을 비롯해 무지개가 지속되는 다양한 증거가 쏟아져 나왔다. 아슬아슬하게 무지개가 사라지지 않고 유지될 수 있었던 것은 11월 말 겨울의 태양 남중 고도가 비교적 낮기 때문도 있거니와 구름이 빠른 속도로 하늘을 지나가면서 아주 작은 빛도 계속 굴절시켜 2차, 3차 무지개를 만들어 낸 덕분도 있을 것이다. 이 지역은 그 전에도 약 6시간 정도 무지개가 관측된 적이 있었고 그 후 대기과학 연구팀에서 타이밍을 기다렸다고 한다. 이 기록으로 인해 1994년 3월 영국 요크셔 지방에서 관측되었던 6시간이라는 기록은 뒤로 밀려나고 말았다. 그러나 자연현상에 1등과 2등이 크게 중요하지는 않다. 그 지역의 사람들에게 신기한 날로 기억될 수 있고 피해가 없는 무지개는 자연이 주는 신비한 선물인 것이다.

우리나라에서도 종종 무지개가 관측된다. 다만 한반도의 무지개는 그리 오래 지속되지 않는다. 여름에 무지개가 생길 정도의 날씨 변화는 순식간에 지나가버린다. 사진을 한 장 두 장 찍다 보면 쌍무지개(1차 무지개와 2차 무지개를 합해 쌍무지개라도 부르기도 한다)가 찍히기도 하고 구름에 물이 든 것처럼 무지개가 묻어있기도 하다. 무지개를 보고 싶다면 구름의 이동이 빠른지,

비가 곧 올 것 같거나 그칠 것 같은지, 내가 구름과 태양 사이에 있는지 아니면 태양과 구름이 겹쳐있는 지를 살피면 된다. 태양의 각도가 많이 기울어져 있다면 태양과 무지개가 함께 있는 장면을 포착할 수도 있다.

무지개는 현대 사회에서 다양성과 다정함의 상징이 된 것 같다. 많은 사람들이 아직도 무지개를 보며 행복해하고 단순한 자연현상을 넘어 사회에서 여러 가지 비유를 하는 데에 사용한다. 태양을 등지고 서서 무지개를 찾아보자. 무지개가 가진 그 짧지만 화려한 일생은 허무하기도 하지만 그 순간만큼은 하늘의 주인공으로 남는다. 허무하기에 그 빛나는 순간을 놓치고 싶지 않기도 하다. 똑같은 무지개가 없는 것처럼 사람의 인생도 모두 다르다. 지금 내가 살아가는 이 순간이 무지개가 뜬 것처럼 찬란한 순간일지 모른다. 순식간에 지나가버릴, 지나고 나면 한숨을 쉬며 후회할 그런 순간 말이다.

동네에서 찍은 무지개. 주 무지개 뒤로 희미하게 2차 무지개가 보인다.

참고 자료

· 『세상에서 가장 아름다운 구름사전』(무라이 아키오, 우야마 요시아키, 사이출판사, 2015)

· <대만에서 9시간에 가까운 무지개가 새로운 기네스 기록을 세우다
Nearly 9-Hour Rainbow in Taiwan Sets New Guinness Record>(Jason Daley,
Smithsonian magazine, 2018)

추천의 글

우리는 일상에서 날씨 인사로 하루를 시작한다.
오늘은 '산책하기 좋은 날씨입니다'
저자와 기상청에서 함께 근무했던 시간이 기억난다.

기상청의 두뇌와 같은 총괄예보관실은 언제나 전쟁터와 같이 바쁘고 힘든 부서로 알려져 있다. 태풍이나 집중호우가 예상될 때는 정신이 없는 곳이다. 그때 내가 본 저자는 유난이 눈이 크고, 항상 웃으며 보다 정확한 기상예보를 생산하여 '국민의 생명과 재산'을 보호하겠다는 사명감이 넘치는 예보관으로 기억한다.

오래전 기상학을 공부하던 학창시절을 회상해 보면, 기상학은 수학과 물리학의 응용과학으로 운동방정식과 열역학방정식 등 복잡한 미 · 적분 방정식과 물리 · 화학을 공부해야 하는 어려운 학문으로 기억하고 있다. 날씨 예보는 '하늘의 뜻을 어찌 우리 인간이 감히 알 수 있을까?', '차라리 무릎팍도사에게 물어보지' 하는 농담을 들었던 것을 기억한다. 하지만 기상예보는 과거와 현재의 정확한 기상관측을 바탕으로 슈퍼컴퓨터를 이용하여 복잡한 미 · 적분 방정식을 풀면서 미래의 기상을 예측하게 되었다.

기상청에는 정확한 기상예보를 생산하기 위해 불철주야 고민하고 고생하는 직원들이 많다. 특히 기상예보관이 가장 힘든 보직이라고 한다. 이런 예보관이 생산하는 기상예보를 누구나 쉽고 재미있게 읽을 수 있는 도서가 나왔으면 하는 희망을 품고 있었다. 바로 그 지구를 기록하는 예보관의 이야기가 『산책하기 좋은 날씨입니다』로 출간되었다.

이 책은 기상관측과 기상예보관의 생생한 경험으로 얻은 지식과 노하우 그리고 기후변화를 포함한 기상과학의 많은 정보를 담아서 에세이와 같이 쓰여진 교양 도서이다. 지하철에서 기상캐스터의 '오늘의 날씨'를 들으면서 부담 없이 읽을 수 있는 책이기도 하다.

또한 누가 읽는가에 따라 각각 다양한 지식과 재미를 줄 수가 있는 책이기도 하다. 기상청 예보관을 꿈꾸며 대기과학을 공부하는 학생들에게는 기상예보의 전문 지식과 경험을, 기상캐스터에게는 기상예보를 올바르게 전달할 수 있는 팁을, 날씨와 관련된 궁금증을 풀어드리는 날씨 상담사에게는 다양한 기상정보를, 중고등학생의 학부모에게는 자녀의 지구과학 수행평가 준비에 도움을, 일반인들에게는 날씨와 관련된 재미있는 속담을 알려 주고 있다. 날씨와 관련한 예보관의 이야기를 많은 분에게 읽히길 바라는 마음을 담아서 소개의 글을 올린다.

2021년 6월

남재철 서울대 특임교수(제12대 기상청장)

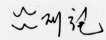

"살아가는 얘기, 변한 이야기, 지루했던 날씨 이야기 밀려오는 추억으로 우린 쉽게 지쳐갔지"

발매된 지 30년도 더 된 '동물원'의 3집 수록곡 〈시청 앞 지하 철역에서〉라는 곡의 가사 중 일부다. 드라마 〈슬기로운 의사생활〉 OST에 실리면서 다시 듣게 되었는데 바로 이 부분에서 내 안의 반 발심이 일어났다. 주먹을 불끈 쥔 채 "아니! 날씨 이야기가 대체 왜 지루한 거지!!"라며 열변을 토했던 날이 생생하다. 10년 넘게 기상 캐스터로 일하며 단 하루도 같은 날이 없었던 매일의 날씨 변화가 세상에서 가장 재미있었다.

기상청 예보실에 파견되어 2년 가까운 시간동안 예보관들과 동 고동락한 적이 있다. 특히 기억에 남는 건 매일 새벽 2시 반에 열리 던 예보 회의다. 모두가 깊은 잠에 들었을 시각, 전국 각지의 예보관 들은 촌각을 다투며 그날 일기예보에 온 힘을 쏟는다. 우리의 일상 과 맞닿아있는 중요한 정보를 책임져야 하기에 때로는 고성이 오갈 때도 있다. 주간과 야간을 반복하는 12시간 교대 근무로 인한 육체 적 피로, 온 국민의 질타를 감내해야하는 정신적 스트레스까지. 자 연에 대한 경외심과 사람에 대한 애정 없이는 할 수 없는 일이었다. 이 책에는 저자의 이런 마음이 잘 담겨있다. 세상과 삶, 하늘을 바라 보는 저자의 따뜻한 시선이 느껴진다.

이 책에는 부산 시민의 마음을 설레게 하는 눈이나 '대프리카'로 불릴 정도의 대구 지역 폭염 등 일상을 살아가는 우리가 공감할 수 있는 날씨 이야기가 가득 실려 있다. 책을 읽으며 때로는 소리 내 웃기도 하고 소름이 돋을 정도로 공감하기도 했다. 어느새 밑줄까지 그어가며 몰입해서 읽고 있는 나를 발견할 수 있었다. 때로는 어려운 전문 용어가 등장하지만 당황할 필요는 없다. 쉽고 자세하게 설명해주는 우리의 '날씨 상담사'가 있으니까.

저자의 말처럼 날씨는 '세상 모든 사람들의 공통 관심사'다. 하늘의 변화가 궁금한 분들, 특히 기상학자나 예보관, 또 나와 같은 기상캐스터를 꿈꾸는 분들에게 적극적으로 추천하고 싶다. 기상캐스터를 양성하는 교육기관에서 오랜 기간 강의를 하면서 기상정보에 대해 어려워하는 수강생들을 많이 만났다. 보통 어린이용 과학 도서나 대학의 전공 도서를 읽어보라고 추천했는데, 어린이용 도서는 그 깊이가 아쉽고, 전공 도서는 가까이하기 어려웠다. 이 책은 전공자가 아닌 일반 사람들도 읽기 쉽도록 다양한 기상현상에 대해 어렵지 않게 담아냈다. 가볍게 다가가기 좋고, 부담스럽지 않은 깊이까지 담아낸 책이다.

즐겁게 산책하는 마음으로 이 책의 내용을 읽어내려 간다면 어느새 변화무쌍한 날씨의 매력에 푹 빠져있을 것이다. 마침내 책의 마지막 장을 덮는 순간, 독자들은 나처럼 주먹을 불끈 쥐게 될지도 모른다. 누가 날씨 이야기가 지루하다고 한 거냐며, 이 책을 보고도 날씨 이야기를 지루하다고 할 수 있을까!

윤지향 방송인, 성우(前 기상캐스터)

우주의 역사 속 유일한 하늘,
기상예보관이 전하는 막중한 책임

이 책에는 대기 중의 기온과 습도 그리고 하늘의 구름을 관찰하는 따뜻한 시선이 가득하다. 우리는 하늘을 올려다 볼 때, 흐린 날인지 맑은 날인지만 생각하기 나름이다. 하지만 지금 올려다 본 하늘은 온 우주의 역사 속에서도 유일한 하늘이며, 지금의 하늘은 앞으로도 반복되지 않는 마지막 순간이다. 이런 하늘을 관측하고 이해하고 예측하기 위해 수많은 고뇌의 흔적이 이 책의 여러 곳에 묻어있다. 같은 하늘을 올려 보더라도 자기만의 시야에 들어오는 풍경이 서로 다르듯, 비슷한 시기에 살아온 작가의 시야는 그 누구보다 하늘에 집중되어 있다.

이 책에선 일반인이 경험하기 어려운 경험들이 많이 녹아있다. 특히 오늘 하늘을 어떻게 기록하고, 국민들께 전달해야하는 기상예보관으로서의 책임도 막중하게 느껴졌다. '내일은 비가 올 것입니다'라는 문장 안에는 수많은 관측 자료와 분석, 컴퓨터들의 계산을 토대로 비가 올지 말지 판단한 기상예보관의 통찰이 함축돼 있다. 그들은 맑은 날 보이지 않다가도 비가 내릴 때마다 앞장 서 미래를 예측한다. 그리고 그들의 말에 우리의 행동이 바뀌기도 한다. 또한 맑은 날의 예보 역시 기상예보관이 국민들에게 드리는 좋은 소식이다.

특히 기상인이 되고 싶은 청소년이나 수리물리학을 공부하며 머리 아파하는 학부생에게도 이 책을 적극 추천한다. 하늘을 관측하는 초심자가 어떤 고민을 했는지, 나쁜 날씨에 울리는 전화기에 대한 생각들을 엿볼 수 있는 소중한 일기와도 같다. '여행은 서서하는 독서, 독서는 앉아서 하는 여행'이란 말처럼 이 책을 통해서 관측자부터 기상예보관까지의 경험을 할 수 있을 것이고, 그들이 하는 고민들에 다시 한 번 생각할 수 있는 계기가 마련될 것이다. 그렇다면 예보에 없던 비를 마주했을 때 한 번 미소 짓고 여유롭게 넘어갈 수 있지 않을까?

유희상 구름추적자(구름감상협회 서울지부장)

찾아보기

Book · Character · Goods · Advertisement · Graphic · Marketing · Brand consulting

D · J · I
BOOKS
DESIGN
STUDIO

D·J·I BOOKS DESIGN STUDIO

예보관이 들려주는
기후변화 시대의 기상 이야기

산책하기 좋은
날씨입니다

1판 1쇄 인쇄 2021년 6월 25일
1판 1쇄 발행 2021년 6월 30일

지 은 이   비 온 뒤
발 행 인   이미옥
발 행 처   J&jj
정   가   16,000원
등 록 일   2014년 5월 2일
등록번호   220-90-18139
주   소   (03979) 서울 마포구 성미산로 23길 72 (연남동)
전화번호   (02) 447-3157~8
팩스번호   (02) 447-3159

ISBN 979-11-86972-86-1 (03450)
J-21-05
Copyright ⓒ 2021 J&jj Publishing Co., Ltd

J & jj
제이 앤 제이제이

저자협의
인지생략